物理学と神

池内　了

講談社学術文庫

はじめに

「なぜ」に答えられない科学

自然を相手に研究する科学者は、少なくとも机に向かっている間は唯物論者であり、神のことは念頭にない。そして、立ち向かっている自然の謎を解くにあたって、神の助けを得ようとも考えていない。しかし、なぜ、このような美しい法則が成立しているのか、自然の絶妙な仕組みがどのように準備されたかをふと考えるとき、それを神の御業と考える人はいる。

現在の自然科学の目標は、対象たる物質を所与のものとして、その起源・構造・運動・変化の法則性を明らかにすることにある。たとえば、ニュートンは、木から落ちるリンゴの運動と太陽をめぐる惑星の運動は同じ万有引力によって引き起こされており、その力の強さは距離の二乗に反比例することを明らかにした。このとき、「万有引力が距離の二乗に反比例していれば、これらの運動が正確に再現できることを証明した」のであって、「なぜ万有引力の法則が距離の二乗則になっているのか、なぜ三乗則ではないのか」を明らかにしたわけではない。もし、万有引力が距離の三乗に反比例する宇宙があれば、その宇宙の構造は私たちの宇宙とはまったく異なっていることだろう。そのような宇宙があっても別に構わないが、「少なくとも、この宇宙では、万有引力は距離の二乗に反比例している」と言っているのに過ぎない。

つまり、科学者は、「法則がなぜそのようになるのか」という問いに答えようとしているわけではなく、「そのようになっていることを証明しようとしている」だけである。なぜ空間は三次元なのか、なぜ光の速さは秒速で三〇万キロメートルなのか、なぜ電子の質量は五一〇キロ電子ボルトなのか、等々の基本的な問いかけには答えることができない。「そうなっている」としか言えないのだ。そのため、「神がそうした」のだと信じ、自然の存在そのものや自然が従っている法則を、神の証と考える科学者もいないわけではない。むろん、自然科学の最終目標はそれらの「なぜ」に答えることにある、とする無神論者の方が多いのだが。

そもそも、キリスト教世界である西洋に発した近代科学は、自然を神が書いたもう一つの書物とみなし（むろん、他の一つは『聖書』である）、自然を研究することは、神の意図を理解し、神の存在証明をするための重要な作業と考えてきた。ガリレイやニュートンの著作には神の名がよく出てくるし、「神が創った宇宙だから美しいはず」という信念で研究に励んできた科学者も多い。神の存在と自然科学は、少なくとも近代科学の黎明期ではなんら矛盾した関係にはなかったのだ。

しかし、時代が進むにつれ、神の存在証明をしようとして進められてきた自然科学であったにもかかわらず、逆に神の不在を導き出す皮肉な結果を招くことになった。神の御業と思われてきたさまざまな現象が「物質の運動」で説明でき、神の助けがなくてもいっこうに構わないことがわかってきたからだ。神を嫌う不遜な科学者が増える一方になったのである。一九世紀末、哲学者によって神の死が宣言されたころ、科学者は、この宇宙は熱死すると論じて神の死を保証すらした。そして今や、科学者が神の役割を果たしているかのごとくに錯覚しかねない状況になってしまった。

とはいえ、科学者は、「なぜ」の問いかけに答えられないのだから、神と完全に手を切るわけにもいかない。「なぜ」を問い詰められれば、神に助けを求めざるを得ないからだ。そこで神を巧妙に利用する手を編み出すことになった。その好例は、アインシュタインが物質の運動を確率論的にしか予言できない量子論を批判して、「神はサイコロ遊びをしない」と述べた一件だろう。物理法則がどのようなものであるべきかは、誰にも先験的にわかることではなく、実験事実を基にして組み上げるしかない。その結果として、確率論的に記述する量子論にたどりついたのだが、その理論も実験を通じて検証するしかない。一つでも理論と矛盾する実験事実が発見されると、その理論はおじゃんになる。人間はすべての実験をおこなうことができないから、その理論が正しいのかどうかの完全な証明は不可能である。それは、ただ「神のみぞ知る」ことなのだ。アインシュタインは、確率でしか電子の挙動が予言できないような物理法則が気に入らなかったので、神に仮託してそれを拒否したのだった。

これに対し、ハイゼンベルクなど量子論の創始者たちは、「どうして神をそんなふうに決めつけられるのか」と反論した。微視的世界は確率論的な理論で過不足なく説明できるのだから、サイコロ遊びが好きな神を受け入れればよい、というわけだ。それぞれ自分に都合がよい神のイメージを描いていたのである。

このように、科学者が神を持ち出すのは、科学は全知ではない人間の営みに過ぎないことを思い出させるため、とも言えるだろう。仮託した神に法則の正しさ（誤り）の保証をお伺いしているのだ。といっても、仮託した神はそれぞれ異なるから、異なったご託宣が出ることにもなる。ときには、神ではなく「悪魔」が登場したり、パラドックスが持ち出されて、法則の盲点をつこうという挑戦もあった。また、科学の対象や内容が変化するとともに、サイコロ遊びどころか賭博にふける神へと堕落したり、唯一神は見捨てられて八百万（やおよろず）の神になったりと、科学者が仮託する神の姿も変容してきた。これも、科学の法則には必ず適用限界があり、「絶対」と信じ込んではいけないことを警告するためかもしれない。

本書は、物理学の歴史に登場してきた神の姿の変容を追いかけることによって、物理学の内実がどのように変化してきたかをたどる試みである。およそ神の概念と縁遠い私だが、物理学の歴史に立ち現れてきた神の姿を追いかけてみると、それぞれの時代の物理学の状況だけでなく、社会の権力構造や世相を反映していて興味深い。人間の営みとは縁遠い自然哲学である物理学といえども、社会情勢と無縁ではなかったのだ。また、悪魔やパラドックスを通じての神への挑戦や、神の代理をつとめようとする傲岸不遜な人間の挑発にも目配りをしてみたい。特に、私の専門である宇宙論のような、「かくあれかし」「かくあるはず」と、勝手な主張が可能であった世界では、神のイメージが各時代の宇宙像に如実に反映されていることがよくわかる。

本節の以下では、本書の要約を兼ねて物理学の歴史における神の変遷史を手短にまとめ、その節目節目に現れた神への挑戦の試みを一覧しておこう。

神の変遷史

まず「第一期」は、一七世紀の近代科学の夜明けのころである（第一章）。自然を創造し統括する全能の神の存在証明としての自然哲学の研究が始まった。その過程で、思いがけなくも、神が書いた書物である「自然」の仕組みと『聖書』の記述が矛盾していることが発見された。聖アウグスティヌスは「神は矛盾しない限り全能である」と述べたが、神が書いた二冊の書物は矛盾していたのだ。そこで科学者たちは、信心深げに神が創りたまいし美しき自然の摂理を語りつつ、神を地上からはるか無限の彼方へ追放しようと画策し始めた。その妙案は、「なぜ」との問いかけに答える神の領域と「そうなっている」と証明する自然学者の領域を区分し、棲み分けすることであった。神と相剋することなく、安心して自然を探究する手形を得ようとしたのだ。これに成功した自然哲学は、徐々に自然科学の装いをするようになったのである。

　やがて「第二期」は一八世紀から一九世紀末、神々の黄昏（たそがれ）がゆっくりと訪れた時期である（第二章、第三章）。自然科学の成功は神の役割をますます奪いとっていったからだ。神の奇跡を象徴してきた永久機関や錬金術は葬り去られ、神を不要と宣言する「悪魔」が登場した。悪魔とは職業的科学者（サイエンティスト）のことに他ならないのだが、この悪魔は神が創造したはずの宇宙が熱死するとさえ広言する始末であった。また、「パラドックス」という別の名を持つ悪魔も現れた。むろん、ゼノンのようなパラドックスの悪魔は古代ギリシャ時代から存在したのだが、一九世紀になって、夜空は明るいはずと難題を言い立てて神に挑戦してきたのだ。そして、哲学者によって神の死が宣言された世紀末、ニュートン力学では解けない難問が続出して、神と悪魔は共倒れの危機を迎えたのである。

　しかし、「神は老獪（ろうかい）」である。二〇世紀初頭、すべてを統括する神は退場し、装いを改めて再登場する「第三期」を迎える（第四章）。そこに目撃された神は、行く末わからぬ宇宙に最初の一撃を与えた後は、ひたすらサイコロ遊びにうつつを抜かしている神であった。粒子運動の行く末は確率でしか予言できない、と宣（のたま）うのだ。そんな神のはずがないとアインシュタインは弁護に努めたのだが、それは神への買いかぶりであったようだ。もっとも、アインシュタイン自身が、双子のパラドックスのような新種の悪魔も発明して神を挑発したのだから、その弁護も迫力がなかったと言うべきかもしれない。

アインシュタインが弁護したにもかかわらず、どうやら神は本当に賭事が好きらしい。二〇世紀後半の「第四期」において、神はサイコロ遊びやトランプゲームよりもっと賭博性に富んだパチンコ遊びや玉突きゲームに熱中するようになったからだ（第五章）。神は、決定論でありながら結果が予測できないカオスを、日常のあらゆる場所に呼び込んできたのである。明日の天気、地震の発生、乱れた水の流れ、木の葉の落ち行く先、いずれもパチンコと同じで、確率すら計算できないカオスなのだ。神が創りたまいし自然はカオスに満ち満ちていて、明日の天気を神の代理である照る照る坊主に頼んでも仕方がない。下駄を投げて占うより他なくなったのだ。カオスの招来は、唯一無二の西洋的な神が東洋的な「八百万の神」にとって代わられつつあることをも意味する。カオスを特徴づける一つの指標は、フラクタルと呼ばれる多重世界の入れ子構造である。また、カオティックに変動する宇宙初期においては、無限個の宇宙の誕生が示唆されている。無数の神が無数の宇宙に遍在することが常識になりつつあるのだ。ならば、唯一の絶対神にしがみつくのは時代遅れで、現代は八百万の神こそがふさわしいと言えるだろう。

　さらに、「第五期」たる現在において、神はいっそうさまざまな危機に直面している。まず第一は、傲慢に増長した人間に宇宙の覇権を奪われかねない危機である（第六章）。「この宇宙はなぜ在るのか」という問いに対し、神の御業ではなく、人間にこそ答を得るための鍵があると主張する職業的科学者（サイエンティスト）たる悪魔が現れてきたからだ。私にはわれわれごとき低級な人間のためにこの宇宙が存在しているとはとても思えないし、神はそんな不遜な人間を造るために宇宙を創造したのではないとも思っているが、この宇宙は人間に都合よくできていることは確かなのである。

もう一つの危機は、神への根底的な不信感が芽生えつつあることだ（第七章）。神は、普遍的な平等世界を創る存在と目されてきたはずなのに、実は不平等な現実世界をもたらしている元凶であることが暴露されたからだ。神は、本来、対称（平等、一様、対等、普遍）な原理的世界を体現する存在であるはずなのだが、この現実世界は対称性を破らねば創り出せない。「原理は対称、現実は非対称」なのである。とすると、神は非対称（不平等、区別、差別、特殊）な現実世界を創ることに腐心してきたと考えざるをえないのだ。でなければ、人間も、人間が夢想した神すらも、この世に生まれなかったことになる。自ら対称世界を具現しつつ、それを否定しなければ自らが存在しえない――神は大いなる矛盾に遭遇していると言えそうだ。また、アダム・スミスが言うところの「神の見えざる手」が資本主義社会の勝利をもたらしたはずだが、賭博好きな性格のためか、今や世界はカジノ資本主義へと変質してしまった。「神の手のふるえ」によって株価が一気に下がったり、未曾有の大恐慌に襲われかねない危険性がある。そんなことになれば、もはや神の居場所すらなくなってしまうだろう。

さて、これからの千年紀は、栄光に満ちた八百万の神が宇宙に満ち溢れるのだろうか、それとも無信心な人間によって神は再び死を宣告されるのだろうか。私の予想は、神は、人間ごときに死の宣告をされても屁とも思わず、また姿を変えて立ち現れる、というものだ（第八章）。なにしろ神はタフなのだから。

と、いささか揶揄的に物理学の歴史における「神の変遷史」をたどってみた。「老獪にして悪意は持たない」神は、身勝手な人間が描くつれづれの姿の変貌を楽しんでいるだけなのかもしれない。なにしろ、次々と人間に難問を投げかけては、その本性を隠し続けているからだ。本書では、このような物理学における神の変遷ぶりを追いかけつつ、その時々の自然観や宇宙像を点検してみたい。いわば、物理学や宇宙論の相対化の試みなのだが、それによって、現在の科学の実態を見つめ直し、今後のありようについてのなんらかのヒントが得られればと考えている。

目次

物理学と神

第一章　神の名による神の追放

アリストテレス体系とキリスト教神学

近代自然科学は、一六世紀中葉の「コペルニクス革命」に始まり、一七世紀に入ってのガリレイの実験、デカルトの哲学的基礎、ニュートンの古典物理学の完成に至るまで、およそ一〇〇年をかけて作り上げられたものである。この時期の自然哲学の目標は、自然という書物に書かれた神の御心を読み解き、完全なる神の存在証明をすることであった。神の代理人を僭称(せんしょう)して現世を支配するローマ法王の目を欺き、安心して自然学に打ち込むためには、そのような錦の御旗を立てねばならなかったのだ。

といっても、彼らが目指したのは、前四世紀に確立したアリストテレス自然学の打破であって、けっしてキリスト教神学への挑戦ではなかった。この二つ（アリストテレス自然学とキリスト教神学）は、本来別物であり、一三世紀に入るまで、むしろ敵対関係にあったとさえ言いうる。たとえば、四世紀の終わりごろ、聖アウグスティヌス（三五四〜四三〇）は、「球状の天が宇宙の中心にある地球を取り囲んでいようと、地球のどこかにひっかかっていようと、私にとって何の関わりがあろうか」と語っており、[*1] キリスト教神学はアリストテレスの宇宙体系とは何の関係もないと考えていたのだ。さらに、一二一〇年にパリで開催された大司教会議において、アリストテレスの言明が聖書と矛盾するという理由で、アリストテレス自然学を教えることを禁ずる決定をしている。[*2] 聖書は有限の過去に宇宙が神の手によって創世されたと教えているが、アリストテレス宇宙は永遠だと説いているからだ。

ところが、一三世紀中葉、トマス・アクイナス（一二二五〜七四）は、『神学大全』において、アリストテレスの宇宙体系（地球を宇宙の中心に据えた天動説）と神学的教義を調和させることに努力を傾けた。聖書に書かれている神についての説明の根拠をアリストテレスの権威に求めたのだ。アリストテレスの宇宙体系の根幹では、月より下の世界にある地球は、火・空気・水・土の四元素で造られ、宇宙の中心にあって動かない特別な存在と考えられていた。そして、月より上の世界では、高貴な元素であるエーテルが固まった七つの星（太陽、月、火星、水星、木星、金星、土星）と宇宙の果てにある恒星が、それぞれの天球面上を円運動している、とされていたのである。

この天動説によって、至高の神が宇宙の中心に位置する地球に在（おわ）すことが保証され、その神に直接仕える教会こそが現世の支配者であることも自然に導かれる。このように、アクイナスは、神学的推論とアリストテレスの自然学を大胆に結びつけ、聖書が人間と宇宙、そして宇宙と神との関係を明確に記述していることを証明しようとしたのだ。いわば、当時の科学的信念によって聖書の権威を高め、キリスト教世界を引き締めようという試みであった。

こうして、アリストテレス体系は聖書と渾然一体になってしまった。キリスト教とは縁もゆかりもないアリストテレスにとっては、さぞや大迷惑であっただろうに。

その目的のため、アクイナスは、あえて聖書の字義通りの解釈に疑いを投げかけることも許容した。たとえば、新約聖書「エペソ書」には、キリストは「諸々の天を超えて高く昇られ、すべてのものを満たした」（以下、聖書からの引用は、いのちのことば社版による）と書かれているが、アリストテレス宇宙では恒星天球の上にはもはや空間はなく、キリストは昇天できないはず、となってしまう。そこでアクイナスは、「完全無欠なキリスト（は動かずしてすべてのことを可能にするのだから昇天する必要がない）」と逃げ、「聖書の　節は無知な人々にもわかるように故意に誤った記述をしているのだ」と居直って、アリストテレス宇宙との矛盾を回避したのである（後に述べるように、ガリレイも同じ論法を使おうとしたのだが、当時のローマ教会は、もともと聖書の記述と天動説が別物であったことをすっかり忘れてしまったためだろう、ガリレイには厳罰でのぞんだのである）。

その意味では、アクイナスは、自然哲学（科学）が独自の真理を追究することに対し、ある種の認可を与えたと言えなくもない。聖書を字義通り受け取らなくてもよいという範を示したのだから。

レトリックとメタファーを駆使して、アリストテレスの地球中心的宇宙観と聖書とアクイナスの神学をうまく調和させることに成功したのがダンテ（一二六五～一三二一）であった。ダンテは、一四世紀初頭、『神曲』において、地球の中心にある地獄、パーガトリー山上に広がる地上の楽園、地球を取り囲む九つの天球をまわす天使、そして第一〇番目の天に神の国を配置し、いかにも荘厳で美しい宇宙構造を目に見えるように提示したからだ。その後、アリストテレスの天動説は地動説に取って代わられたが、ダンテの宇宙体系は現在に至るも、なお人々の頭に染み込んでいる。宗教や科学とは異なり、文学的表象概念はいつまでも残り続けるのだろうか。

地動説＝地上からの神の追放

天動説は天の詳しい観察から見捨てられることになった。それも、フラウェンブルク寺院の大管区長という、神に最も近いはずのコペルニクス（一四七三〜一五四三）によって。

コペルニクスは、神が宇宙を創ったのなら、こんなに複雑な宇宙であるはずがないと疑ったのだ。実際、天動説によって七つの星の運動を説明するためには、全体で八〇を超える円運動を組み合わせねばならなかった。コペルニクスよりずっと以前、一三世紀のレオン・カスティリア王であったアルフォンソ・エル・サビオ（アルフォンソ一〇世）は、天文学に興味を持ち、当時の天文表を改訂して「アルフォンソ表」を作った人なのだが、天動説に基づいて惑星の軌道を求めようとすると膨大な計算が必要であることから、「もし神が私に相談してくれたなら、もっと宇宙を簡単に創るように助言したのに」と語ったと伝えられている。天動説宇宙は、惑星運動の観測が進み詳細がわかるにつれ、どんどん複雑な体系になっていったのである。

科学者気質の特徴の一つは疑い深いことにあるが、それは必ずしも猜疑心のことではない。自らの単純性と現実の複雑性がぶつかったとき、その矛盾が喉に引っかかって現実が飲み込めないだけなのである。既存の理論体系を疑うことなくどっぷり浸かってしまうと、複雑怪奇になってしまった理論の醜さに気がつかないが、ふと我に返って客観的に見たとき、その醜悪さに疑いを持ってしまうのだ。「神はもっと単純で美しい宇宙を創ったはず」だ、と。スコラ哲学における思想節約の原理「オッカムの剃刀（かみそり）」のように、最小の仮定で最大の結果が得られる理論こそ美しい、とする科学者の審美観もあるだろう。それこそが「神」のなせる御業であるかどうかは別として。

天動説から地動説に移ることは、とりもなおさず、地球が宇宙の中心にあって不動であるという特権的な地位を振り捨てることに他ならない。地球も、太陽の周りをまわる一つの惑星に過ぎなくなるからだ。ならば、唯一神が地球に在るという根拠もなくなってしまう。

では、神はどこにいるのか？　地動説に乗り換えるためには、新たな神の居場所を考え出さねばならない。コペルニクスの時代、人々の宇宙は太陽系に閉じていた。したがって、神を宇宙の中心に据えようとすれば、太陽に神の座を用意しなければならないが、燃え盛る灼熱の太陽ではさすがの神も居心地が悪かろう。とりあえず、コペルニクスは、神の居場所と宇宙体系を切り離すことにした。地動説は天上の幾何学であって、地上における神の存在証明とは無関係であるという態度を貫き通したのである。

折しも、宗教改革の火の手が上がっていた時代で、聖書のみが真の権威であるとするルター派は、旧約聖書「ヨシュア記」に「太陽よ、ギブオンの上に留まれ、月よ、アヤロンの谷に留まれと命じた。そして、太陽と月は、人々が敵を討ち果たすまでそこに留まった」と書かれていることを根拠として、コペルニクス宇宙に激しい攻撃を加えた。太陽も月と同じように地球の周りをまわっていると書かれているではないか、というわけだ。フランスのカルヴァン（一五〇九～六四）も、「世界もまた、しっかりと据えられていて動かすことができない」と述べ、聖書に書かれているように神はこの地球におわすことを強調した。神の居場所を地球に据えているのだから地球は動いてはならないのである。その意味で、宗教改革の主唱者たちは、自然科学については頑固な守旧派であった。

興味深いことに、一六世紀までのローマ教会は新規の説にまだ寛容であった。であればこそ、カトリック教会に属するコペルニクスが『天体の回転について』（一五四三）と題する著作によって、地動説を発表することができたのである。といっても、さすがに彼は自説の発表をためらい、この本が刷り上がったのは彼の死の年であった。そのような宗教的相剋が念頭にあったためだろう、コペルニクスの著作の序文において、ルター派のアンドレアス・オジアンダー（一四九八～一五五二）は「これらの仮説（地動説のこと）が真である必要もなければ、確からしいものである必要さえない。ただ、それらによって観測と矛盾のない計算が可能になればそれで充分なのである」と書いている。コペルニクス説は一つの仮説に過ぎないことを強調して、攻撃から身をかわそうとしたのだ。

神の新たな居場所を見出したのはガリレイ（一五六四～一六四二）であった。一六〇九年、ガリレイは発明されたばかりの望遠鏡を手にして天の川に目を向けた。そして、ミルクを流したように見える天の川は、実は無数の「太陽」の集まりであることを発見したのである。このとき、人々の宇宙は、太陽系から無数の星が散らばる星界へと一挙に拡大することになった。ならば、太陽系の中心にいたがるようなケチな神ではなく、より広い星の世界全体を統括する神こそが、完全なる存在としてふさわしい。神は、この地球から離れて、無限の彼方にまで広がる宇宙を経巡（へめぐ）っているとすればよいではないか（むろん、神を独占したかったら、あなたの心に秘かに匿ってもいい）。

こうして、地動説と無数の「太陽」の発見によって神は地上から追放されたのだった。折しも、地上の権力が教会から世俗領主に移ったのと時を一にしている。以来、領主たちは、ヌケヌケと王権は「神授」されたと宣言するようになった。肝心の神が、広大な宇宙のどこをさすらっているのかわからないのに。

ガリレイが地動説を公然と支持するようになったころ、それまで寛容であったローマ教会から「地球が動くという説は聖書の記述と矛盾する」という非難がわき起こった。それが一六一六年の第一次ガリレイ裁判につながるのだが、ガリレイは、その前年の一六一五年にクリスティーナ大公妃宛の手紙で、彼の聖書観を述べている。そこでは、「『聖書』には大変難解な箇所があり、文字通りの意味とはまったく異なったことが述べられていたりします。もし、『聖書』の記述を字義通りに受け取ってしまうと、誤りを犯すことがあるかもしれません。というのも、聖霊が述べた『聖書』の言葉は、無学で教養のない庶民にも理解できるようにと、聖なる筆記者が書き留めたものなのだから」[*3]、と書いている。まさに、トマス・アクイナスと同じ論法を用いたのである。

彼の立場は、神は「最初に自然を通して、次には特にその教えによって理解される。つまり、神の作品である自然と、神の言葉である教え（聖書）によって」理解される存在であった。しかしながら、「自然についていえば、これは容赦なく不変なものであり」、「この点は、文字通りの意味とはいくらか異なる解釈がありうる『聖書』とは違っている」として、自然研究こそ神の証明にとって重要であると説いた。[*4]ガリレイはローマ教会の圧力に屈服して表向きは地動説を捨てたが、結果的には、このような考えかたが神を地上から追放する端緒となったのである。

ガリレイは、人類の歴史上最初の自然科学者であったとともに、権力に弾圧された最初の科学者ともなった。後にブレヒトが批判したように、ガリレイは、権力との対決を回避して、研究を続ける道を選び、これによって権力に弱い科学者という伝統（？）がつくられたのかもしれない。しかし、幽閉されたガリレイは『新科学対話』を書き続け（一六三八年刊行）、アリストテレス自然学を打倒するのに努力し続けたことを記憶しておくべきだろう。

無限者と無限界者

世俗の王と結託して神を地上から追放するのに力を尽くした自然学者たちに、その正当性の裏書きをしたのがデカルト（一五九六～一六五〇）であった。その『哲学原理』（岩波文庫、桂寿一訳、以下本書訳による）に近代科学の進めかたについての基本原理がまとめられているが、ここには神の存在証明がくどいほど何回も出てくる。しかし、最終的には有限存在たるわれわれには、「無限者」である神に至ることはできないとする。できるのは、無限者の神が創った「無限界者」の探索なのである。無限界者とは、「世界の延長・物質部分の可分性・星の数等のごとく、そのうちにいかなる限界も見出されないもの」（『哲学原理』第一部二六）のことだ。つまり、自然そのものである。そして、その「被造物の目的因ではなく、起成因を調べねばならない」とした。神が何の目的でそれらを創ったかを求めるのではなく、「神を一切事物の起成因と見なして、神がその幾分かを我々に知らせようと欲した神の諸属性から、我々の感覚に現われた諸結果について、いったい何が結論されるべきか」を探るのだ。その結果、「いったん明晰判明に、これら事物に属すると認めたことは、真であるという完全性を有つことは確かであろう」（『哲学原理』第一部二八）と保証する。

これは、神自身のことなんか気にしないで、客観自然たる物質界を調べなさい、それこそが神の証明なのだから、という宣言である。自然（無限界者）に人間が、安心して相対することの正当性を保証してくれたとも言える。その進めかたは、見かけの姿にとらわれず、より根源の原理や物質に還元させてゆくという手法である。その作業は無限に続くが、真をより根源的なものに向かって無限に積み重ねてゆけばよい。この要素還元主義の精神は、一七世紀後半から今に至るまで自然科学に貫徹し、数々の「成功」を獲得してきた。良きにしろ悪しきにしろ、現在の科学技術文明は、このデカルトの提案がもたらしたと言っても過言ではない。

ところで、なぜデカルトが、神を無限者とし、自然を無限界者として弁別することにしたのだろうか。

当時、ガリレイの宇宙認識はようやく太陽系を脱するヒントでしかなかったし、ケプラーは占星術と数の神秘に凝っていたから、世界の広大さに興味を持っていたとは思えない。彼らにとって、神は、まだすぐそばにあったのだ。神の存在証明を、地上の世界の範囲内で可能と考えていたとも言える。しかし他方では、彼らは当然のごとく、神を遠くのものとして論ずる姿勢を頑なに崩さなかった。なぜだろう。私には、「無限」をきわめて自然に説くデカルトが突然現れたとはとても考えられないから、自然哲学者も神を追放しようとしている世俗権力者に自らを等置したとしか思えない。もはや神は生きる者の味方ではなくなっており、単に賞賛さるべき存在になり下がって（上がって？）いたのではないだろうか。デカルトはその時代を正確に写し取ったのではないかと思うのだ。ニュートンが『プリンキピア』で述べているように、「われわれは、神の最も賢くすばらしい考案物と究極的原因によってのみ、神の存在を知る」というわけだ。

現在、私たちは、デカルトが提唱した方法をデカルト主義と呼んでいるが、その中身を整理しておこう。[*5]

その第一は、「公理主義」と言われるもので、感覚は現象に騙されやすいので、感覚より理性を信用する方法を採ったことだ。理性を基礎にして選んだ、きわめて確固として成立していると考えられる公理の上に、理性に基づいた法則を打ち立てるという方法である。むろん、このようにして得られた法則が実在する物質界で確かに成立しているとは限らないが、公理が絶対的な真であるなら、導き出された世界も真であると考えるのだ。たとえば、目に見えない微視的世界や宇宙の彼方の研究において、公理を基にして厳密に組み立てた論理によってある法則が導かれるなら、たとえ観測できなくてもそれは真であると主張できるとしたのである。これが、いわゆる還元主義の源泉となったのだが、より根源的なものに現象の本質を求めるためには、公理主義を基礎に据えなければならないのは明らかだろう。「我思う、故に我あり」とは、見事に彼の公理主義を象徴する言葉なのである。

第二番目は、物理学における数学（特に、幾何学）の有効性の主張で、世界がすべての経験に先立って数学の堅固な基礎の上に記述されるとしたのだ。デカルトが代数幾何学を創始したのはその具体的な実践で、代数関係を幾何学的に表示する方法を提案したのである。現在でも、直線直交座標系を「デカルト座標」と呼んでいる。彼の方法を、よりいっそう強固に貫徹したのがアインシュタインで、物理法則（重力）を時空の幾何学的性質として表現した。それが一般相対性理論である。このデカルトの第二番目の方法は、次の第三の方法と結びついて、現代物理学の重要な手法へと深化した。

その第三番目の方法とは、公理系を選ぶ場合の基本方針として、保存原理の重要性に着目したことである。さまざまに変化する自然界にあって、なんらかの不変な量があり（保存則）、それを基準にして推論を組み立てていくという方法のことだ。彼は、力が働いていなければ運動量（質量と速度の積）が保存されることを発見していた。後に、保存則が存在するということは、時空や物質に対するなんらかの変換に対して不変となるような性質の存在を意味し、それを表現する物理量が保存則を満たすということが明らかにされた。たとえば、デカルトが発見した運動量の保存則は、座標系の原点をどこに移しても（変換しても）運動の法則は変わらない、ということから導かれる。それは、とりもなおさず、空間が一様であることを意味している。また、エネルギー保存則は、時間の原点をどこにとっても（変換しても）物理法則は不変、ということから導かれる。このように、ある変換に対して不変な性質を見出し、それから保存則を発見するという物理手法が打ち立てられた（これをネーターの定理という）。そのため、物理法則を幾何学的に表現し、その変換則を調べることの重要性が認識されるようになった。まさに、デカルトの第二番目の方法と深く関係していることがわかる。

　以上のようなデカルトの方法論は、明らかに物理学研究における神の排除を目指したものであろうと推測できる。人間の理性の赴くままに、徹底して論理を追究すれば、それは真であることを保証してくれるのだから。

　地動説、ガリレイの実験、デカルトの方法論、と並べてみると、一六世紀から一七世紀にかけての近代自然科学の黎明期は、まさに神が地上から追放されたときであり、それによって、神の証明と称して神の名による干渉を受けずに、おおっぴらに自然研究が可能になったときであることがわかるだろう。むろん、それを可能にしたのは科学的発見だけではない。無限宇宙に関する哲学的な思索と、そこから派生してくる多数世界の存在という、地球だけに閉じた発想を打ち破る思想革命が背景にあったことを付け加えておきたい。

無限宇宙の系譜

　このように神を無限の彼方に追放できた原因には、地球が宇宙の中心から外れたときに生じる、空間認識の大きな変化があったのではないかと想像している。もはや、恒星天球が地球を丸く取り囲んでいるのではなく、ただ星が空間に点々と浮かんでいるに過ぎないのである。とすると、恒星天球という空間の端はなく、さらに彼方へと空間が広がっていると考える方が自然だろう。ならば、安心して神を無限の彼方へ追いやることに、何の後ろめたさも感じなくていいのだ。

それを論理的に示したのが、ニュートン（一六四二〜一七二七）であった。リンゴの落下から、地上の法則も天上の法則も同じであることを見抜いたニュートンは（デカルトは既に『哲学原理』第二部でそれを述べている）、自らが発見した万有引力の法則を恒星の世界に適用し、一六八二年、恒星世界たる宇宙が永遠なら、宇宙は無限でなければならないと証明した。もし有限であれば、宇宙には中心と端がある。すると、中心に向かって働く万有引力のために端のものは中心方向に落下するから、いずれ宇宙は潰れてしまうだろう。宇宙が潰れることなく永遠に存在するためには、中心も端もない無限の空間に星が散らばっていて、万有引力は互いに消し合っていなければならない。無限宇宙こそが完全なる神にふさわしい、というわけである。このように、ニュートンは、自らが発見した万有引力を宇宙全体に適用して無限宇宙を主張したのだが、実は哲学的な観点からの無限宇宙論はそれ以前から唱えられていた。

その最も古いのが後漢時代（二世紀頃）の郄萌（げきほう）の「宣夜説（せんやせつ）」で、天は形が決まっておらず、無限に広がっており、太陽・月・星は虚空に浮かんでいて、気によって進んだり止まったりしている、と述べたという（『晋書（しんじょ）』の「天文志」）。宇宙の形を球形とか卵形とかと想像するのは、宇宙を有限と考えるためで、無限に広がっていれば形はないというわけだ。この宣夜説を受け継いだのが唐の柳宗元（七七三〜八一九）で、天は「無窮」であり、中心も端もなく、どの方角にも限界はなく、したがって長短を比べようがない、というふうな無限の概念を表現している。渾天説や蓋天説のような有限宇宙論が幅を利かせていた中国であったにもかかわらず、このような無限宇宙論が提案されたのは興味深いことである。

一方、西洋においては、もっぱら綿密な観察をおこなって宇宙構造を論じるという立場が強かったので、可視的な宇宙構造論、つまり有限宇宙に留まらざるをえなかった。とはいえ、「なぜ、神は無限の宇宙を創造しなかったのか」という神学論争が古くからあったそうだ。それに対しては、スコラ哲学からの「無限の創造の可能性そのものが否認される」という解答で決着がついたことになっていた。そのためか、哲学的な無限宇宙論が登場したのは一五世紀になってからのことであった。ドイツの枢機卿のニコラウス・クザーヌス（通称、クサのニコラウス。一四〇一〜六四）は、有限の宇宙は全能の神にはふさわしくなく、宇宙は無限の球であり、神が住む地球は宇宙空間を遍歴している、という変わった宇宙論を展開した。単なる空想に過ぎなかったとはいえ、無限に広がる宇宙と、不動ではなく動く地球という、二つの重要な示唆がこの考えに含まれていたのは注目に値する。このような示唆があったからこそ、後のコペルニクスの地動説やガリレイの無数の「太陽」が連なる宇宙、という新しい宇宙観が育まれたのではないかと想像されるからだ。

クサのニコラウスに最も影響を受けたのが、イタリアのドミニコ会修道士ジョルダーノ・ブルーノ（一五四八〜一六〇〇）で、彼はニコラウスよりもっと積極的に、神は無数の太陽と無数の地球を創り、無限に豊饒で、無限に広がった世界でこそ、神の卓越性が賛美できると主張した。神が完全であるなら、可能な限りのあらゆるものを創造したはずだし、それには無限の空間を必要とする、というわけだ。しかし、永遠に運動し、かつ無限に変化する宇宙まで主張したことがローマ教会のお気に召さなかった。この地上に実現している神の世界の絶対性・完全性を否定したからだ。ブルーノは一六〇〇年に火炙り（ひあぶ）りの刑に処せられたが、すぐ後（一六〇九年）のガリレイによる無数の太陽の発見が、皮肉にもその思想を確認することになった。

世界の多数性

コペルニクスの地動説は、彼自身が著書に書いているように、古代ギリシャのアリスタルコス（前三世紀）の説にその淵源（えんげん）がある。近代科学の黎明期は、先行したルネサンスにならって、古代ギリシャの自由な空想が科学のかたちをとって再登場した時代と言えなくもない。そして、神という桎梏（しっこく）を地上から追放できるようになったとき、古代ギリシャのもう一つの文化が甦ることになった。地球外文明あるいは世界多数性の思想である。むろん、これも、先行した大航海時代にもたらされたさまざまな別世界体験が背景にあったことは否定できない。その意味で、この時代を、ルネサンスから大航海時代、そして科学革命へと連なる三〇〇年続いた「大革命」期と捉えるべきだろう。

二世紀に、エジプトも含めたローマ帝国領土一帯を遍歴したギリシャ出身の風刺詩人ルキアノスは、『本当の話』と『イカロメニッポス』を著し、空想旅行を通じて多数世界が共存していることを描いてみせた。爛熟したローマ帝国が進取の気風を失ったことに失望したルキアノスは、他世界に居住する多くの優れた学者を描くことによって、堕落したローマ帝国の学者へ鋭い風刺の矢を放ち続けたのだ。『本当の話』の第一巻では、暴風によって探検船が月世界に吹き上げられ、そこで月人国と太陽国の人間が金星植民地をめぐって争っているのを目撃する。また、『イカロメニッポス』では、諸学者の衒学的な言説に厭きたメニッポスが、イカロスの故知にならって月世界へ宇宙旅行し、そこで過去の自然哲学者たちと会って新鮮な話を聞くという話である。ローマ帝国の政治や学問への批判が主目的なのだが、さらに月や太陽もまた「世界」であり、多数の世界がこの宇宙に展開していることを暗示しようとしたのだ。また、『本当の話』の第二巻は地球上の奇怪な島々への旅行譚で、われわれが住むこの世界だけが唯一でないことを、ある種の希望として描き出している。

このルキアノスの著作は、東と西の文明の交流が進んだルネサンス時代に大人気となり、大航海時代には冒険者たちのバイブルとなったそうだ。人々は、多数世界の存在の主張に、眼から鱗が落ちた思いがしたのだろう。ラブレーの『ガルガンチュアとパンタグリュエルの連作物語』（一五三二〜五二頃）は、ルキアノスの『本当の話』第二巻を大きく膨らませたものであり、新大陸発見の報が相次ぐに及んで、人々に多世界の存在を確信させることになった。一七世紀に入って、地動説が唱えられて地球が特別な存在でないことが認識され、望遠鏡が発明されて天体の世界が身近になると、世界の多数性を空想宇宙旅行によって描く手法が数多く取り入れられるようになった。

その嚆矢（こうし）は、大科学者ケプラーの遺作『夢』（一六三四）で、月世界も地球と同じ物質で作られ、同じ力学法則に支配されているならば、地球と同じような人間が存在しているのではないか、という科学に根ざした信念があったのだ。以後、イギリスのゴドウィンによる『月の男』（一六三八）やウィルキンズによる『新世界発見』（一六三八）など、堰（せき）を切ったようにユートピアを求めての空想宇宙旅行小説が数多く書かれるようになった。おそらく、シラノ・ド・ベルジュラックの『月の諸国諸帝国の滑稽物語』（一六五七）や『太陽の諸国諸帝国の滑稽物語』（一六六二）が、その一つの極と思われる。また、フォントネルは、『世界の多数性についての対話』（一六八六）を書いて、コペルニクスの地動説、ジョルダーノ・ブルーノの無限宇宙、デカルト哲学を広く普及させるのに大きく寄与した。月や他の惑星に住む人間たちは、当然アダムとイヴの子孫ではなく、もはや聖書の教義が通じない世界が広がっていることを、人々にわかりやすい形で示したのである。[*6]

第二章　神への挑戦——悪魔の反抗

科学者が創りし悪魔

一七世紀に科学革命が成し遂げられ、神は地上から追放されて、はるか無限宇宙を遍歴するしかなくなってしまった。神という唯一絶対の権威が地に墜ち、「聖」と「俗」が分離した時代が到来した。地上の権力は、ローマ教会から世俗領主へ、そして絶対王政の手に移り、まさしく神の不在が露（あらわ）になったのだ。しかし、権力は移ろいやすいものである。続く一八世紀は、絶対王政の虚構が暴かれ、近代の普遍的な理念が人々に共有される時代となった。このような時代の風潮が、本来、社会や政治と独立しているはずの自然科学にも影響を与えないはずがない。「俗」は、現実に対し有効な力を発揮する科学者を抱え込み、科学者は「聖」をますます遠ざけることに熱中したのだ。人々が神への信仰に一瞬のためらいを見せたとき、悪魔が登場して人類の祖先をエデンの園から追放させたのだが、同じように、無信心な科学者は、神を地上から追放しただけでなく、新たな悪魔さえ創り出すようになった。

この悪魔は、人々に難題をふっかけては、神が創ったはずの世界の調和を乱そうとした。

この世界における神の役割を否定しようとしたり、自然が示す常識的なふるまいに疑問を投げかけては物理学の法則に挑戦したりしたのだ。さらに、永久機関や錬金術を否定して、額に汗して地道な努力をしなければ人は生きていけないことを世の中に知らしめ、果ては宇宙は熱死する運命にあるという不穏な予言すらする。まさに、神が創りたもうたこの世界は、矛盾に満ちており、人々に過酷な人生を強いる理不尽なものであり、やがて消滅するはかない存在に過ぎないと、悪魔は高々と宣言するのであった。

このように、一八～一九世紀は神の対抗者としての悪魔が活躍した時代であったが、その姿は王侯権力に対抗した革命家に似ていないでもない。革命家が近代の理念を確立して新しい時代を呼び込んだように、科学者が生み出した悪魔は、物理学の基本法則を確立させ、次の時代の科学の発展を促す橋渡しをしたのだから。

ラプラスの悪魔

悪魔の登場を初めて高々と宣言したのは、稀代の日和見主義者ピエール・ラプラス（一七四九～一八二七）であった。ラプラスは、フランスの貧しい農家の生まれだが、幼いころから英才を発揮し、一八歳のときパリに出てダランベールに認められて高等教育を受けることができた。一七七五年、わずか二六歳で科学アカデミー会員に選ばれ、一七八九年のフランス革命に参加して度量衡委員などを務め、革命政府の顧問役を務めた。しかし、ナポレオンが革命を覆すや、ナポレオンにすり寄って内務大臣・上院副議長の要職を務め、一八一四年にナポレオンが失脚すると、ただちに王政復古を支持して貴族院議員になったという経歴を持っている。この変幻自在なラプラスの生きざまは、まさに悪魔を生み出すのにふさわしいと言うべきかもしれない。

古典物理学の世界では、宇宙に働く力がすべて知られていて、ある時刻における宇宙の力学状態が与えられていると、未来の森羅万象すべてが曖昧さなく完全に予知できる（決定論）。そこで、ラプラスは一八一二年、自然界のあらゆる力と物質の状態を完全に把握した知的存在が存在すれば、「その知的存在にとっては、宇宙の中で何ひとつとして不確定なものはなく、未来を完璧な正確さで予見できる」と主張した。このような知的存在を「ラプラスの悪魔」と呼ぶ。ナポレオン一世の下で伯爵となっていたころである。

ニュートンの力学を使えば、今観察している物質すべての運動の、過去も未来も限なく知ることができる。とすると、この宇宙の始まりも終焉もすべて力学の法則によって完璧に支配されており、神はそれを傍観しているのみの存在でしかない。ラプラスの悪魔は、自在に過去を語り、未来を予見することができる。そこでは神は不要となる。

よくよく考えてみれば、ラプラスの悪魔とは、職業的科学者（サイエンティスト）そのものであるとも言える。着目する物質にどのような力が働き、物質はどのように運動し反応するか、それを一連の過程として解析し予言するのが、科学者の仕事なのだから。つまり、ラプラスは、悪魔の名を借りて科学者が神を上まわったと宣告したとも言えよう。

ただし、神は完全に不要にはならない。いったん宇宙が動き始めると、ニュートン力学はその後を完璧に記述するが、なぜこのように宇宙が始まったのかについては何も言えないからだ。少なくとも「初期条件」と呼ばれる、この宇宙の一番はじめの状態をセットする役割は神に残されている。宇宙の創成時の最初の一撃は神に委ねねばならないのだ。ラプラスの悪魔の唯一の弱点がここにある。とはいえ、神は、最初の一撃を与えるのみで、その後の世の移り行きは傍観するのみでしかない。未来の予測は、神に祈るより、悪魔に相談した方が確かなのだ。ラプラスの悪魔によって、世界は法則に従って機械のように正確に動き、その動きはニュートン力学によって完全に理解できるという確信を具現したと言える。この自信は一九世紀末まで続き、力学的世界観が確固たる地位を占めたのである。

ラプラスは、弱冠二四歳のとき、いったん公転運動を開始した惑星軌道が永久に安定であることを、天体力学の美しい公式によって証明したので有名だが、おそらく、その研究の過程で神が不要であることを確信したのだろう。なにしろ、ニュートンの運動の法則と万有引力だけで、過不足なく太陽系が安定であることを明らかにできたのだから。その後ラプラスは、カントが提唱した、塵が集積して太陽系が形成されたとする星雲仮説を研究し、神の手によらずに新たな宇宙の構造が生まれ出ることを証明しようともした。

さらに、彼は確率論の研究をおこなったことでも有名である。実は、万有引力が働く場での物体の運動が正確に解けるのは物体が二個の場合だけで、物体が三個になると特殊な場合を除いて解を得ることができない。ラプラスはそこで諦めず、多数の物体が存在する場合には個々の物体の運動を調べることは諦め、系全体の平均的なふるまいを確率として論じれば全体の見通しが立てられることを明らかにした（しかし完全な証明は現在も得られておらず、従って太陽系が永久に安定であるかどうかは確定していない）。

これらラプラスの研究を振り返ってみると、彼が極力、神の介入を排除しようとしたことがよくわかる。稀代の日和見主義者であったのは、未来を洞察できない悪魔ならぬ生身の人間として、人生の選択をサイコロを振って確率論的に選んだ結果に過ぎないのかもしれない。とすれば、革命派、ナポレオン派、王党派、のいずれにおいても成功したのは、彼が優れた数学者であったことを物語っているかのようである。

マクスウェルの悪魔

一九世紀半ばになって新種の悪魔が登場した。「マクスウェルの悪魔」である。気体が非常に多数の分子から成ることが明らかになり、気体のふるまいを知るためには、多数の分子の統計的な性質を調べる必要がある。これを「分子運動論」と呼ぶが、マクスウェルの悪魔は、分子運動論の研究の中で提案されたものである。その基礎方程式は、右のラプラスの確率論的な記述から得られたことを考えれば、悪魔は悪魔を呼ぶと言えるのかもしれない。

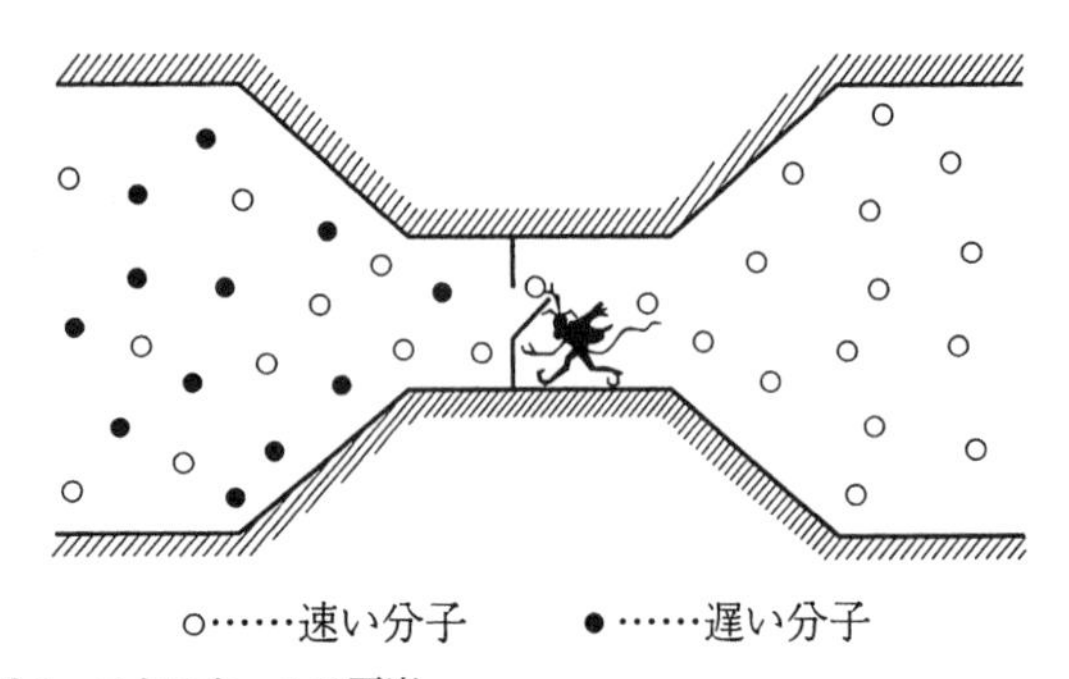

図2-1　マクスウェルの悪魔
(『新装版マックスウェルの悪魔』都築卓司、ブルーバックス、2002年より)

スコットランド生まれのジェームズ・マクスウェルは、一〇歳のときにエディンバラ・アカデミーに出席したという天才で、後に電磁気学を集大成した「マクスウェル方程式」で有名である。マクスウェルが最初に取り組んだ問題が分子運動論で、その研究の過程で提案したのがマクスウェルの悪魔であった。

気体を入れた容器の中央に仕切壁を作り、そこに自由に開閉できる窓をつけた小さな穴をあけておこう（図２－１）。気体の分子には速度が大きいものも小さいものも混じっているが、速度の大きい（速い）分子が多ければ気体の温度が高く、速度の小さい（遅い）分子が多ければ温度が低い。つまり、物体の温度とは、物体を構成する多数の分子の平均運動エネルギーの大きさをマクロに表現したもの、と言うことができる。

今、気体を構成する分子一個一個が運動する速度を見分けることができる悪魔がいたとしよう。この悪魔は、仕切壁の窓のところにおり、そこにやってくる分子一個一個の速度を見分けて、平均より大きい速度の分子であれば右の箱に、小さい速度の分子なら左の箱に行くよう、窓の開閉を操作すればどうなるだろうか(窓の開閉には摩擦はないものとする)。時間が経つうちに、右の箱は速度の大きい分子ばかりとなり、左の箱は速度の小さな分子ばかりとなるだろう。つまり、右の箱の気体の温度は高くなり、左の箱の気体の温度は低くなる。マクスウェルの悪魔は、窓際に居て気体分子の速度を弁別するだけで、温度の高い気体と温度の低い気体に分けることができるのだ(これをAとしよう)。

むろん、箱に入れた一つの温度の気体分子が、何もしないのに、やがて温度の高い分子と低い分子に分かれていくようなことは自然界では起こらない。自然界で起こるのは、この逆の過程で、温度の高い分子と低い分子を別々の箱に入れて接し合うようにしておけば、やがて二つの箱の気体の温度は同じになるような過程である(これをBとする)。整理すると、

A　一つの温度の気体を高温気体と低温気体に分ける

B　高温気体と低温気体を混ぜると中間の一つの温度の気体になる

で、自然界では、Bは起こるが、Aは起こらない。ところが、マクスウェルの悪魔は、自然

界では起こりえないAを引き起こすことができるのだ。さて、そんな悪魔は存在するのだろうか。

A、Bどちらの過程でも、全体としてのエネルギーは変化していないから、エネルギー保存則によって二つの過程の差は生じない。言い換えると、エネルギー保存則だけではAもBも対等である、どちらも同じように起こって構わないのだ。しかし、自然界ではBしか起こらないから、Aを禁じる法則が何かあるに違いない。マクスウェルの悪魔は、その法則によって存在しえないはずである。

これには熱力学のもう一つの法則である、エントロピーの増大則が関与している。エントロピーとはエネルギーの「質」を測る量で、エントロピーが低いほどエネルギーの質が高いという定義になっている。気体が同じ熱エネルギーを持っていても、温度の高い気体のエントロピーは低く（質が高く）、温度の低い気体のエントロピーは高い（質が低い）のだ。自然界は、必ずエントロピーが増えていく（エネルギーの質が劣化する）方向に進むと、この法則は述べている。そこで、温度の高い気体と温度の低い気体に分かれている場合のエントロピーと、二つが混ざって一つの温度になってしまった気体のエントロピーを比べてみると、前者の方がエントロピーが低い。そのため、自然界は、何もしなければ、エントロピーの高い状態へ移るBしか起こらないことになる。

むろん、エアコンを使えば、部屋の空気の温度を自在に上下できる。電気を使ってモーターを動かし、エネルギーを多く吸収・放出できるガス（かつては、オゾン層を破壊するとして悪名高いフロンガスが使われた）を圧縮したり膨張させたりして、温度の高い空気から熱を吸い取って温度の低い空気に転換させているためだ。このように、外から仕事をしないと部屋の温度を暖めたり冷やしたりすることができない。これが自然の摂理なのである。ところが、マクスウェルの悪魔は、電気エネルギーもガスも使わずに、一方の箱の気体を暖かくすることができ、他方の箱の気体の温度を冷やすことができるのである。もし神がこの物質世界を創ったのなら、まさしく、公然と神への反逆を実行する悪魔が登場したことになる。

さて、本当にマクスウェルの悪魔は存在するのだろうか（もし存在すれば、エアコンの電気代は不要ということになって重宝されるだろうが）。

もちろん、マクスウェルの悪魔は存在しえない。この悪魔は分子の速度を識別できるという能力を持っているが、そのためにはどんな操作が必要だろう。たとえば、野球でピッチャーが投げたボールの速度を測るとき、レーザー光を当てて反射光を捉え、どれくらいレーザー光のエネルギーが変わったかを測定している。悪魔は、分子一個一個について、このような操作をしなければ分子の速度が測れないはずである。ところが、そんな作業をしていると、悪魔自身のエントロピーがどんどん上がり、悪魔自身がくたばってしまうだろう（レーザー光装置が過熱して壊れてしまうから）。神の摂理に挑戦しようとした悪魔は、逆に自らの身を滅ぼすことになってしまうのだ。

このマクスウェルの悪魔は、いわば、ニュートン力学によって物質世界のふるまいすべてを理解できるとした物理学の趨勢(すうせい)への反逆であった。多数の分子が関与する微視的世界の物理法則には、ニュートン力学(エネルギー保存則)だけでは不充分であり、そこに統計的な効果(エネルギーの質を測るエントロピーの概念)を正しく取り入れなければならないことを意味しているからだ。マクスウェルの悪魔は大ニュートンに対する挑戦であった。神に対してであれ、大ニュートンに対してであれ、矛盾は徹底して追究されねばならない。科学者という悪魔は、自らの創作物さえ壊そうとするかのようだ。

マクスウェルは、その時代までに蓄積されていた電気と磁気に関する知見を統一して、電磁気学を完成させた人物でもある。電磁気学は、ニュートン力学と並ぶ、もう一つの重要な古典物理学となったのだが、電気と磁気の統一は現代の電気の時代を招来させる原動力となった。マクスウェルは、悪魔を使って新時代の物理学を構想しようとしたのかもしれない。

永久機関

一七世紀の科学革命が契機となって、それまで一〇〇〇年以上にわたって人々が挑戦し続けてきた二つの試みが、急速に衰退の道を歩むことになった。永久機関と錬金術である。いずれも、天上の大宇宙と地上の小宇宙の対応を念頭においている。永久機関は永遠の宇宙の運動を地上に実現することを目指し、錬金術はマクロコスモス(宇宙)とミクロコスモス

（地上の物質）との照応関係をその「理論」の基礎としているからだ。月より上の世界と月より下の世界を区別したアリストテレス流の二元宇宙論にその源を発するのだが、地動説の勝利に続く普遍的一元宇宙論が主流になるにつれその思想的根拠を失い、科学者という悪魔の登場によって最後の息の根を止められたのである。まず、本節では永久機関を採り上げ[*1]、後節で錬金術について述べることにしよう。

アリストテレスは、月より上の世界は、高貴な元素であるエーテルによって構成され、円運動が示す永遠性がその崇高さを表象すると考えた。留まることなく永遠にまわり続けるのが円運動の特徴であるからだ。これに対し、月より下の世界は、火・空気・水・土の四元素を材料にして作られており、直線運動で象徴されるような、有限の時間で生と死を繰り返す卑俗な存在に過ぎない。直線運動は、端に来るといったん止まり、向きを変えて逆の端に向かって進み、また端で止まっては逆方向に進むという繰り返しであるからだ。高貴と卑俗、永遠性と有限性、円運動と直線運動、この二元論的な宇宙観が永久機関への熱望に転化した。地上に天の世界の永久運動を実現させよう、というわけである。

このような、外からエネルギーを加えずに永久に運動し続ける機械を「永久機関」と呼ぶ。さらに欲張れば、この機械を動かしてエネルギーを発生させて仕事をさせる（たとえば、臼でマメをつく）とともに、余ったエネルギーでこの機械を同じように動かし続ける（残った臼の上下運動で水車を回転し続ける）ことができるなら、自分が働かなくてもよいことになる。永久機関の作製は、天の法則を地上に実現させようという崇高な動機に促されての試みであったが、同時に欲望に衝き動かされてのきわめて人間くさい営みでもあり、ついには欲の張った人々から金を巻き上げる詐欺へと転化したのである。

永久機関は、まず天の世界に見られる円運動の模倣から始まった。車輪のようなものを止まることなく永久に回転させるような工夫である。そのために、車輪の周囲に木の槌(つち)や短い棒を取り付け、車輪の右半分と左半分で非対称が生じて、常に同じ方向へ回転させるような力が働く装置を工夫することに精力が傾けられた。

たとえば、シーソーを空中高くに作り、体重が異なった二人を支点から同じ距離の所に座らせるとどうなるだろうか。まず体の重い人の方が下がってから行き過ぎ、元の高さにまで上がって止まり、そしてまた下がるというふうに、シーソーは振れ続けるだろう。もしこれを永久に続かせられるなら、永久機関になる。いかにも簡単に作ることができそうである。とはいっても、支点での摩擦のために、シーソーの揺れは必ず小さくなってゆき、やがて重い人が真下になって止まってしまう。この場合、いくら潤滑油を使っても摩擦をゼロにすることはできない（もし、摩擦がゼロにできるなら、左右のちょっとした非対称のために自動的にシーソーがまわり始めて止まらなくなってしまうので、危険なことおびただしい）。

それでは、一枚の板ではなく、プロペラのように何枚かの板とし、そこに木の槌か短い棒を錘(おもり)として取り付けて、くるくる回転するようにできないものだろうか。そのように考えて工夫されたのが、一見左右が非対称に見える車輪型の永久機関である。しかし、取り付けた木の槌が伸びたり縮んだりしようが、パチンコ玉のようなものを入れて動けるようにしようが、やがて摩擦や空気抵抗のために止まってしまうのだ。

その理由は簡単に説明できる。車輪に永久に円運動をさせるためには、たとえば右半分に働く回転させる力の一回転の間の総和が左半分のそれより常に大きくなっていなければならない。ところが、それは不可能である。ある回転角で右半分の回転させる力が左半分のそれより勝っていても、それと一八〇度回転した状態では必ず逆になるから、その和を取るとゼロになるからだ。このことは、車輪の回転角度がどんなときにも言えることだから、結局、車輪を回転させ続ける正味の力はゼロとなってしまう。つまり、車輪は、もともとどの角度でも左右対称に作られている(そうでなければ、重い部分が下になって止まってしまう)のだから、そこから左右の非対称な運動は生じないのである。永久機関を描いた図には、いかにも左右非対称な形で運動する車輪の図があるが、そのような運動は実際には起こらないのだ。

ならばと、左右の非対称を初めから組み込もうと工夫されたのが、不等辺三角形の積み木の二つの斜面に、同じ重さの小球を等間隔で数珠(じゅず)のようにつないだ鎖を掛けた道具である(図2－2)。この場合、三角形の積み木の斜面の長い方が短い方の斜面より多くの小球が載っているので、その重量が勝って落ちていくだろう。それに応じて短い斜面の方では鎖が登

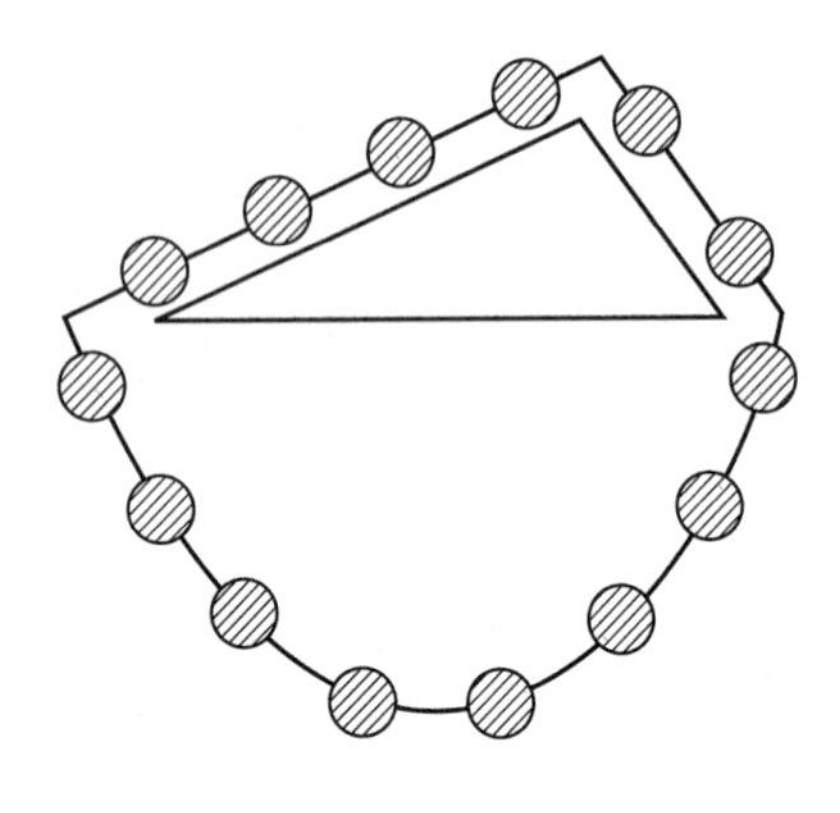

図2-2

っていくから、全体として鎖が常にぐるぐるまわるのではないか、というわけである。三角形の積み木そのものは止まっており、その周りを鎖が永久にまわり続けると期待するのだ。むろん、これもうまくゆかない。斜面の長い部分では、水平面からの角度が小さいため、面に沿った方向の重力が弱く、小球が多くあっても斜面を下らせる総力は反対側の短い斜面と同じ大きさとなってしまうのだ。つまり、不等辺三角形の見かけは左右非対称だが、斜面に沿う方向の重力の大きさを比較すれば、左右対称になってしまうのだ。

これらの結果により、重力は一様に下向きに働いており左右非対称にはできないから、どうやら重力だけでは永久に動き続ける機械は無理なようである。

そこで、磁石の力を利用しようという知恵者が現れた。鉄球を先端部に連結したバネを車輪の軸

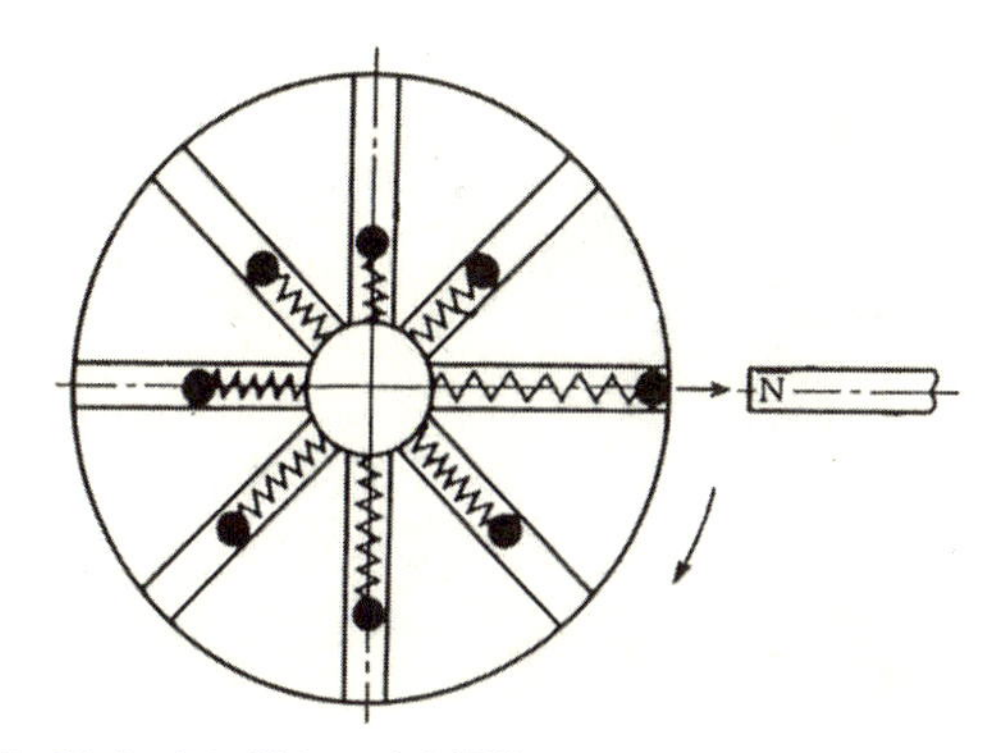

図2-3　磁石の力を利用した永久機関の試み
（『永久機関の夢と現実』後藤正彦、発明協会、1988年より）

から放射状に取り付け、スポークに沿う方向だけ自由に動けるようにしておく。これだけでは左右対称だが、車輪の右側に強力な磁石を置けば非対称にすることができる（図2－3）。右側の鉄球は磁石に近いから引きつけられてバネが伸びるのに対し、左側ではバネが縮む方向に鉄球が引きつけられるため、鉄球の空間的な配置は左右非対称となる。車輪がどんな角度にまわっても、この配置は変わらない。いわば、シーソーに同じ体重の人が乗っているけれど、右側の人は支点から遠く、左側の人は支点近くに座っているのと同じ配置になっているのだ。このとき、シーソーはつり合わずくるくるまわり始めるだろう。まわるにつれ、はじめ右側にいた人は左側に来るまでにゆっくり動いて支点に近づき、はじめ左側にいた人はゆっくり支点から遠ざかるように動いているのと同じである。それが磁石の力によって自動的にお

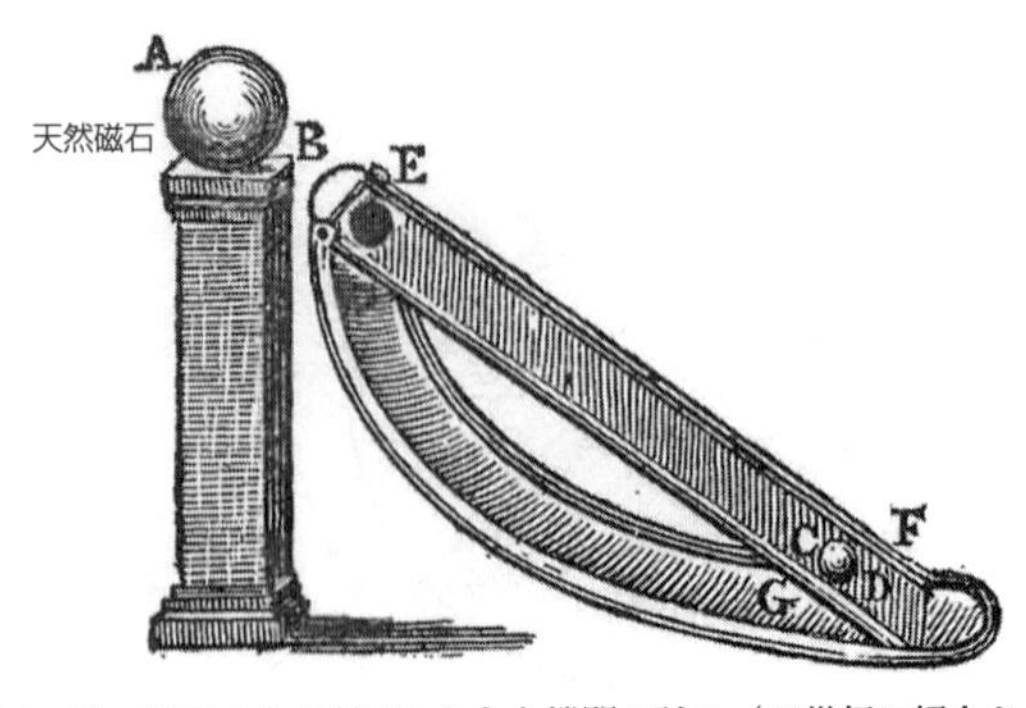

図2-4　強い磁石の力を利用した永久機関の試み（17世紀に紹介されたもの）

こなわれるのだから、車輪はくるくるまわり続けるに違いない。

このように考えると、いかにも成功しそうである。しかし、やはりうまくゆかない。車輪の左右でのバネの伸び縮みだけしか考えていないからだ。車輪の上下方向でのバネの動きも考えねばならない。車輪の下半分にあるバネは重力によって引かれて伸び、上半分のバネは縮んでいる。当然、これらの鉄球に働く磁石の力も考慮しなければならない。その力を計算してみると、左右の非対称をぴたりと打ち消す大きさになる。つまり、車輪を回転させ続ける力は全体でゼロであり、いったん手で回転させても、いずれ摩擦や空気抵抗のために止まってしまうのだ。一見、左右非対称な配置にしたものの、磁石の力と重力の双方を考えると、全体として車輪をまわす力は生じないのである。

そこで、車輪は諦めて、もう少し強力な磁石で鉄球を動かし続ける装置を考えてみよう（図2－4）。滑り台のような直線の斜面と、その下をスロープ状になった鉄球の通り道を作り、斜面の上端と下端には穴を空けておき、そこを鉄球が通り過ぎることができるようにしよう。この装置の工夫のミソは、滑り台のてっぺんに強い磁石を設置したことにある。斜面の下端に鉄の球を置くと、それは磁石に引っ張られて斜面を登り、上端にくると穴から落下して下のスロープ沿いに斜面の下端に到達し、穴を通って再び斜面の下端に姿を現し、また磁石に引っ張られて斜面を登り、というふうに無限に鉄球は斜面とスロープの間を上下運動し続ける、というわけだ。しかし、この方法も失敗である。鉄の球を引っ張り上げるくらい強力な磁石なら、鉄球は上端に登ってきても穴から落下せず、そのまま磁石にくっついてしまうからだ。

無から有は生じない

これら以外にも、実に多数の永久機関が工夫されたが、いずれも成功することはなかった。そこで、科学者という悪魔は、永久機関は不可能であるとして、その理由を明らかにする方が重要なのではないか、と考えるようになった。無限のエネルギーを生み出せる神の奇跡などは存在しないのだ、と。そして、たどりついたのが、「無から有は生じない」という、ごく当たり前の結論であった。

その端的な例は、止まっている物体は、外から力を加えない限り、ずっと止まっているという誰でも知っている事実である。つまり、止まっている物体は速度がゼロだから、運動エネルギーもゼロであり、そのままではずっと「無」の状態であって、ゼロでない（「有」の）運動エネルギーは発生しない、ということである。しかし、それだけでは、当然すぎて何を言っているのかよくわからない。

そこで、もう少し一般化して、ある一定の速度で運動している物体は、外から力を加えない限り、同じ速度で直線運動をし続ける、と言い直そう。単に、速度がゼロから一定の大きさになっただけのことだが、この言明は日常の経験に反している。動いている物体は、放っておけばやがて止まってしまうからだ。はじめ運動エネルギーが「有」であっても、いずれゼロ（「無」）になってしまうのが通常である。私たちは、外から力を加え続けないと一定の速度で運動し続けることはないと、つい思ってしまうのだが、よくよく考えてみれば、物体が止まるのは、空気抵抗や摩擦のためである。もしそれらが働かないなら、ずっと同じ運動を続けると考えてよいだろう。物体の質量と速度の積を「運動量」と呼ぶが、空気抵抗や摩擦のない理想的な状態を考えれば、運動量は一定のままであり、運動エネルギーは増えもしないし減りもしないのだ。

では、二階から物体を落とせば、地面に向かって落下するにしたがい速度が大きくなっていくが、それはなぜなのだろう。むろん、物体に対して地球の重力が働いて加速させたためである。重力が働いている場では、運動エネルギーを生み出しうる能力があるのだ。空気抵抗を無視すれば、物体が得た運動エネルギーは、落ちた距離に比例することが実験より明らかになった。つまり、高い位置から落とせば大きな運動エネルギーが得られるし、低い位置から落とせば得られる運動エネルギーは小さいのだ。

そこで、重力が働いているような場には「位置エネルギー」が隠れていて、その大きさは高さに比例しているとしよう。高ければそれが大きく、低ければそれが小さい、と考えるのだ。

すると、二階から物体を落とした瞬間は、速度がゼロだから運動エネルギーもゼロだが、大きな位置エネルギーを持っていたことになる。落下するにつれ、運動エネルギーは落ちた距離に比例して大きくなっていくとともに、位置エネルギーは落ちた距離に比例して小さくなっていく。つまり、運動エネルギーと位置エネルギーを足した量は、いつも同じ値になっているようである。位置エネルギーまで含めると、全体としてエネルギーの量は常に一定に保たれていると考えざるをえない。これが、(力学的) エネルギー保存則である。

言い換えれば、エネルギーの総量は増えもせず減りもせずに、いつも同じ値に保たれていて、「無」から「有」が付け加わることはない、というわけである。空気抵抗や摩擦によって、「有」から「無」になっていくように見えるが、この場合、粘性力や摩擦力が物体に働いたため、物体の運動エネルギーが空気分子の運動エネルギーや摩擦物体の表面の分子の熱エネルギーに変わったと考えられる。それらのエネルギーまで考慮すると、全体としてのエネルギーはやはり一定のままなのだ。

車輪をまわすような場合、回転運動について右と同じ議論ができる。はじめ回転していない物体は、外部からそれを回転させる力（トルク）が働かない限り、まわり始めることはない。また、一定速度で回転している物体であっても、トルクが働かない限り、いずれ空気抵抗や摩擦で止まってしまうのだ。車輪型の永久機関が失敗したのは、重力や磁石の力だけではトルクを発生させることができない、ということを意味している。回転運動の場合、回転する物体の大きさと回転速度と質量の積で定義される「角運動量」で議論する。角運動量は、外部からトルクが働かない限り、増えもせず減りもせず一定に保たれるのである。やはり、「無」から「有」は生じないのだ。

だから、はじめ全体として回転していない（角運動量がゼロの）物体の一部が、外部からトルクが働いていないのに回転し始めた（ゼロでない角運動量を持った）としたら、物体の残りの部分は反対方向にまわっていて（符号が逆の角運動量を持ち）、全体としては角運動量がゼロのままなのである。フィギュア・スケートの選手が氷上をくるくるまわることができるのは、足の蹴りによって体にトルクをかけているためだが、その反動で地球に逆向きの回転を与えている。また、ネコがくるっと回転して塀から飛び降りるときには、体の一部を右に捻っているとすると、残りの部分を左に捻っている。ネコは、全体として角運動量がゼロのまま回転ジャンプしているのだ。

以上に述べてきた永久機関は、通常「第一種永久機関」と呼ばれている。運動量、運動エネルギー、位置エネルギー、角運動量など、物体の運動を特徴づける物理量に関係している永久機関である。外部から（あるいは外部へ）力（トルク）やエネルギーを加えないと、いずれ摩擦や空気抵抗で運動が止まってしまい、永久に動き続ける機械は存在しないのである。「無から有は生じない」というエネルギーや角運動量の保存則によって禁じられているのだ。

第二種永久機関

もう一つ別のタイプの永久機関がある。熱エネルギーに関係した「第二種永久機関」と呼ばれているもので、エネルギー保存則を満たしているので実現可能に見える。そのため、さまざまな試みがなされたが、結局成功することはなかった。先に述べたエントロピーの増大則に違反するためである。

一八世紀後半に始まった産業革命は、蒸気機関で代表される「動力革命」が基礎にあった。石炭を燃やして熱エネルギーを取り出し、それによって水を高温の水蒸気に変え、水蒸気の圧力によってタービンをまわして機械の動力としたのだ。熱エネルギーを（タービンの回転という）運動エネルギーに転換する機械を「熱機関」と呼ぶ。さて、熱エネルギーは、どれくらい物体の運動エネルギーに変えることができるのだろうか。その割合を「熱効率」と呼ぶが、熱効率を上げれば燃料が節約でき、生産性を増大させることができる。このような熱機関の効率に関する研究から「熱力学」という物理学の新しい分野が生まれてきた。

熱機関では、高温の熱源（石炭の燃焼）から熱エネルギーを得て高温度の水蒸気を作り、それによって機械を駆動して（仕事を取り出して）から、低温になった水を温排水として外部に捨て（廃熱し）ている。つまり、熱機関は、高温の熱源、駆動する機械、低温の廃熱部、という三つの部分がセットになっている。このとき、機械を動かすのに使われた熱エネルギーは、高温熱源の熱エネルギーと廃熱部の熱エネルギーの差である。だから、熱効率を上げるためには、熱源の温度をより高くするか、廃熱部の温度をより低くする必要があることがわかる（また、廃熱部の温度をゼロにしない限り、熱効率を一〇〇パーセントにすることができないことも明らかで、そんな熱機関は存在しえない）。

そこで、たとえ熱効率は低くてもよいから、外部の空気や海水から熱エネルギーを取り入れて、永久に仕事を続ける熱機関を作ることができないか考えてみよう。たとえ温度が低くても有限であれば、空気や海水には膨大な熱エネルギーが含まれているから、もしそのような永久機関ができれば燃料費なしで機械を動かすことができるだろう。先の熱効率の議論から、空気や海水を熱源とし、廃熱部をそれより低い温度にすれば、永久に動く熱機関が可能になると予想できる。熱効率は小さいけれど、プラスである限り仕事は取り出せるのだから、第二種永久機関は原理的に可能なのだ。しかし、実際上では、永久機関はほとんど不可能であることがわかる。

まず、空気や海水が熱源となっていて、廃熱部も同じ空気や海水であれば、温度差がないから熱効率はゼロになってしまう（廃熱部の温度を下げようと冷凍機を使うなどすると、それを動かすのにエネルギーが必要だから、結局燃料を使わねばならない）。そこで考えられるのは、空気の温度が海水より高い場合に、空気を熱源にし、海水を廃熱部にするという方法である（空気の方が海水より温度が低い場合は、海水を熱源とし、空気を廃熱部とすればよい）。この場合、必ずプラスの熱効率が実現できるから、永久機関が可能であるように思える。しかし、空気や海水は、もともと温度の低い（熱エネルギーの小さい）熱源だから、機械そのものを動かせるほどのエネルギーが取り出せるかどうかが問題となる。空気や海水から作った水蒸気では、重い機械を容易には動かせないのだ。さらに、たとえ機械が動かせたとしても、必ず摩擦があるから、取り入れた熱エネルギーのほとんどが摩擦で散逸してしまうことになる。そのため、使える熱エネルギーの量がいっそう少なくなるだけでなく、摩擦によるエネルギー散逸のために廃熱部が温められていくだろう。その結果、廃熱部の温度が上がり、やがて熱源と同じ温度となって熱機関は止まってしまうのだ。

とはいえ、うまく工夫すれば、第二種永久機関に似たものは作ることができる。かつて人気を博した「水飲み鳥」である（図2－5）。鳥の体はガラスでできていて、内部に揮発性

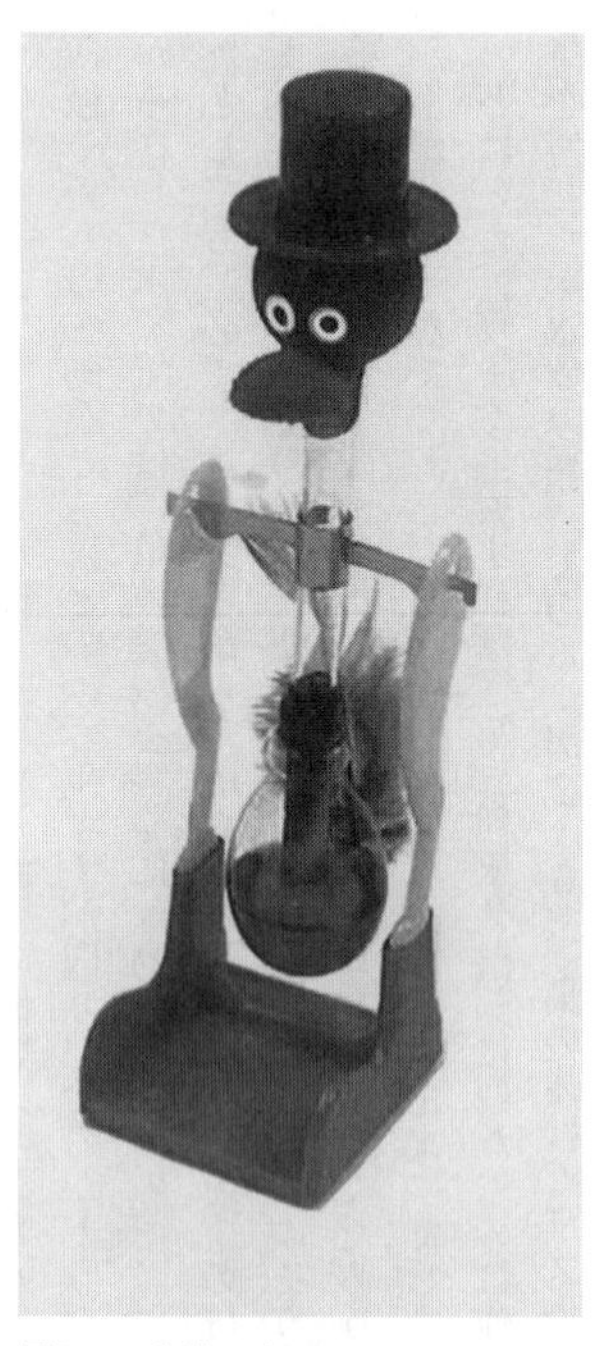
図2-5　水飲み鳥

のジクロロメタンが入れてある。まず、鳥の前に水を入れたコップを置く。それから、鳥の頭を濡らしたうえで振動させる。振れているうちに、鳥の頭の部分を覆(おお)っている布から水が蒸発し、このとき気化熱を奪うので温度が下がる。温度が下がると、蒸気になっていた頭部のジクロロメタンが液体になるため圧力が下がって、お尻の部分から液体のジクロロメタンが吸い上げられていく。そうして頭が重くなって、やがてくちばしをコップの水に突っ込むことになる。このとき、お尻の部分のガラス管の端が液面から顔を出し、ガラス管内部の気体の圧力が同じになるとともに、頭部からジクロロメタン液が管を下ってお尻の部分に下がり、再び鳥は頭を上げる、という運動を繰り返している。

この水飲み鳥は、空気の熱エネルギーだけを利用して運動しているという意味では第二種永久機関と言えるが、実は隠れたところで太陽の働きを得ているので、完全な第二種永久機関とは言えない。もし水飲み鳥を密閉したガラスの箱に入れると、そのうちに運動は止まってしまうからだ。このとき、鳥の頭からの水の蒸発でガラス箱内部の湿度が高くなっていくから、やがて鳥の頭から水が蒸発できなくなってしまうのだ。言い換えると、太陽の熱エネルギーによって蒸発した水蒸気を上空へ運び去っているからこそ、水飲み鳥は運動し続けられるのだから、エネルギーが保存されている熱機関ではないのだ。いわば、廃熱部の温度が上がらないように冷凍機で冷やしているのに相当しているのである（ガラス箱で密閉する場合、エネルギーを運び出せず、エネルギーが保存される場合に当たる）。

第二種永久機関が不可能である理由は、「エントロピーは増大する」という熱力学第二法則のためである。エントロピーとは、先に述べたように、エネルギーの質を測る量である。同じ熱エネルギーを持っていても、温度の高い物体のエントロピーは低く（質が高い）、温度が低いとエントロピーは高い（質が低い）。そして、自然界は必ずエントロピーが増えていく（エネルギーの質が劣化する）方向にのみ進むと、この法則は述べている。温度の高い気体から温度の低い気体へ熱エネルギーは流れて同じ温度に近づいていくが、温度の低い気体から温度の高い気体へ熱エネルギーが流れてますます温度差がつくようなことは起こらないのだ。

温度の高い熱源から出た熱エネルギーによって機械を動かすと、機械には必ず摩擦があって、運動エネルギーは温度の低い熱エネルギーに変わっていく。エントロピーが増えるのだ。これを繰り返せば、やがてすべてエントロピーの高い熱エネルギーとなって散逸してしまうことになり、運動は止まってしまう。永久運動をしないのだ。運動を維持し続けるためには、劣化したエネルギー分を、外から質の高いエネルギーによって補い続けねばならないのである。

神は、あたかも「無」であるようでいて、汲めども尽きせぬ無限の愛を注いでくれている存在とみなされてきたのだが、残念ながら神の恩寵(おんちょう)は永久機関にまでは及ばなかったようだ。永久機関の最終的な死命を制したのは、科学者という悪魔が発見した、エネルギー保存則であり、エントロピー増大則であった。神はけっして無限の存在ではないことを悪魔が暴いてしまったのだ。一九世紀半ばのことである。

錬金術

科学革命の完成者であるニュートンが錬金術(アルケミー)に凝ったことは、彼が残した膨大な手稿から窺うことができる。ニュートンが生きた時代においては、物質を構成する基本単位が互いに移りかわりうるものであり、薬品を加えたり、加熱したり、鍛えたりすれば、最後には鉄や亜鉛などの卑金属を金に変えうる「賢者の石」を得ることが可能と信じられていたのだ。ようやく一九世紀に入って、物質の基本単位が原子であり、原子そのものは通常の化学的手法では改変できないことが知られるようになり、錬金術は廃れていった。永久機関が成功しない理由を考える中で物理学の基本法則が発見されたのと同様に、数多くの錬金術の試みの失敗の中で物質間の反応における経験的な法則が蓄積され、やがて原子論を基盤とする化学という分野が開発された。その意味では、一攫千金の夢を求めての神への接近の努力が、かえって神の不在を明らかにし、現実主義者たる科学者という悪魔を生み出すことになってしまった、と言えるだろう。

さて、錬金術には三つの起源があると言われている。一つは、エジプトやバビロニアの冶金術で、鉱石から銅や鉄や金などの金属を製錬する技術の側面である。二つめは、ギリシャの自然哲学で、物質が火、空気、水、土の四元素から成り、それらの乾と湿、暖と冷の条件下での組み合わせによって、さまざまな物質が形成されている、という理論的な側面である。三つめは、ヘルメス（エジプトの神トトのギリシャ名）主義で、事物は秩序的に連鎖しており、万物に親和力が生じて物質が相互転換し対立物は統一される、という思想的側面である。いずれも、地中海世界に起源があり、キリスト教とは関係なく、一三世紀まではアラブ世界でのみ普及していた。実際、アルケミーの、アルは定冠詞、ケミーはギリシャ語のキュメイアーで金属などを変容させることを指すが、さらにその語源は古代エジプトの名称 khem で「黒い土地」に由来する。意味深長である。

一三世紀頃から、アラビア語に訳されていたギリシャの書物がラテン語に再翻訳され、アラビア独自の文化も流入するようになって、錬金術がヨーロッパに入ってきた。ロジャー・ベーコン（一二一四頃～九四頃）が、正当にも、基本元素の組み合わせによる物質の生成とアルス（技術）によるその改変作業、という二つの要素から錬金術を理解しようとしているのは注目に値する。しかし、魔術的要素を嫌ったローマ教会が錬金術を禁止したため、長く地下に潜ったが、ルネサンスを背景にして、錬金術は陽の当たる場所に躍り出ることになった。その代表的な人物がスイス生まれのパラケルスス（一四九三～一五四一）で、ヘルメス主義の根幹である天上の世界のマクロコスモスと人体というミクロコスモスの照応・感応関係を強調するとともに、四元素説から硫黄（霊魂、火と空気）と水銀（精神、水）と塩（身体、土）という三原質に置き換えることを主張した。医師であったパラケルススは医術と錬金術を結びつけようとしたのだが、いずれも「完全ならざる自然を完璧へと導く技術」であると捉えたためである。

錬金術の一つの到達点は、デッラ・ポルタ（一五三五頃～一六一五）の『自然魔術』で、「金属を変化させること――すなわち錬金術について論じる」として、当時の自然観と錬金術の中身を詳細にまとめている。この本には、「魔術」とはいかなる知識内容であるかや「魔術師」のあるべき姿が書かれており、近代科学と中世的神秘性が混淆（こんこう）していることがよくわかる。まさに、科学革命前夜の自然哲学の状況を如実に示しており興味深い。[*2]

たとえば、デッラ・ポルタは磁気や光学に関する知見を正しく記述する一方で、錬金術の秘技を次のように公開している。卑金属を金まで鍛えあげ練りあげるには、鉄の削り屑をるつぼで溶かし、そこに硼砂と赤いヒ素を撒き、同じ割合の銀を投げ入れて浄化し、分離のための水を入れると金が底に溜まるから、それを取り出せばよい、とある。むろん、これで金ができるとはとても思えないが、金属の分離と化学薬品の調合という技術を発展させたのは確かだろう。実際、錬金術に必要とされた技術は、昇華、蒸留、溶解、発酵、酸化、還元、蒸解、結合、分離、着色など、現代の化学実験で通常使われている手法なのである。

錬金術を実験科学としての化学へと変貌させることになった最初の一撃は、一六六一年、イギリスのロバート・ボイルの著作『懐疑的化学者』であった。彼は、錬金術師たちの従来の呼称アルケミストからアルを取り払ってケミスト（化学者）と呼び、アリストテレスの四元素説やパラケルススの三原質説を批判し、化学と医学の分離を主張したのだ。また、物質の基本的な構成要素は、それ以上変換できない元素であろうと考え、元素の存在を実験によって証明すべきと主張した。脱錬金術宣言と言える。古代から知られていた元素は、七つの金属（金、銀、銅、錫、鉄、鉛、水銀）と二つの非金属（炭素、硫黄）の九つであった。さらに、中世になって、ヒ素、アンチモン、ビスマス、亜鉛の四つが加わったが、これらは錬金術師たちが発見したものである。

化学者が最初に発見した元素（つまり、誰が発見したかがわかっている最初の元素）は、一六六九年、ドイツのブラントによるリンであった。彼は、金を作り出せる物質を探そうとして自分の尿を分析し、空気中で光る物質であるリン（ギリシャ語で光を出すものという意味の phosphoros）を発見したのであった。まさに、錬金術から化学への転換時期を象徴するような発見と言える。

とはいえ、化学が錬金術とはっきり手が切れるのは、一七八七年のことであった。それまでに、化学実験技術が向上し、コバルト、白金、ニッケル、水素、窒素、酸素などの新元素が発見され、石灰石からの二酸化炭素の合成や水素と酸素からの水の生成というような化学反応実験がおこなわれるようになり、熱容量、潜熱、燃焼、光合成などの化学反応理論が研究され……というふうに化学の研究は進んでいったが、使われる用語や物質名は錬金術師たちが使っていたものをそのまま踏襲していた。ようやくこの年になって、フランスのラボアジェたちが『化学命名法』を出版して論理的な命名法を提唱し、科学にとって必須の共通用語が使われるようになったのである。これによって錬金術は最終的な死を迎えたのだが、物質を構成する元素とは原子のことであり、それは化学的な処理では変換しえないこと、つまり錬金術がなぜ失敗したのかが証明されたのは、一九世紀に入ってからのことであった。

錬金術は、その成立過程からわかるように、キリスト教と相容れる関係ではなかった。地上の秩序を支配し、アリストテレス自然学によって天上界をも取り込んだキリスト教神学は、公的な客観世界を明白な形で提示したのに対し、錬金術は、神秘性や象徴性のような、私的な主観的世界と隠微な形で深く関わったからだ。その意味では、キリスト教の神と対立したわけでなく、むしろ補完的であったと言えるかもしれない。したがって、地動説のようにローマ教会からの露骨な迫害を受けなかったが、積極的にキリスト教神学に取り入れられたわけでもない。神への鋭い反逆者ではなかったが、自然界（物質）への直接の働きかけを通じて神の不在を証明することになったという意味では、神の地上からの追放に加担したと言えるだろう。ニュートンが錬金術に凝った理由がここにあるのかもしれない[*3]。

そこで、エントロピー増大則を宇宙全体にあてはめて考えてみようという悪魔が、一九世紀半ばに登場した。その不吉な予言は、「宇宙は熱死する」というものであった。神が創りたまいし宇宙が、やがて熱地獄となり、すべての天体が消滅してしまうというのだ。これこそ真に神に反逆した悪魔の登場かもしれない。

熱機関としての地球

太陽は、その中心部での一六〇〇万度もの高温下で核融合反応を起こしてエネルギーを取り出し、六〇〇〇度近くの表面から光エネルギーを放出し続けている。この太陽エネルギーを受け取った地球は、その三割を雲で反射しているから、正味受け取っているのは七割程度である。この太陽エネルギーは、空気の流れを作り出し、海流を駆動し、水を蒸発させ、そして植物に吸収されて穀物を作り、森林を育てている。過去の太陽エネルギーの産物は石炭や石油として地下に貯蔵され、人類は今それらを掘り出して燃料源として利用している。実際には、これらの燃料によって水を沸騰させて数百度の水蒸気とし、発電機をまわして電気エネルギーに転換し、それが工場や家庭に送られて人間の活動に使われている。

このように、太陽エネルギーはさまざまに姿を変え、植物や動物に蓄積されたり、諸々の人工物となったりするが、長い時間で平均化して見れば、最終的には廃熱となって大気に放出され、地球大気の温度（平均で摂氏一五度、絶対温度で二八八度）の熱放射となって宇宙に放出されている。つまり、地球が受け取った太陽エネルギーは、少々の時間のずれはあれ、地球外へと捨てられており、時間的に積分すれば、全体としてはエネルギーは保存しているのである（原子力によるエネルギー生産の分だけ、地球から宇宙へ捨てているエネルギー総量は増えているが、太陽エネルギーに比べると微々たる量であり、以下では無視する）。

言い換えると、地球は、太陽を高温熱源とし地球大気を廃熱部とする、何段階か異なった機械が組み合わさった熱機関とみなすことができるのだ。それだけでなく、人類の生産活動も含め、地球上のすべての営みは熱機関の運動と言える。実際、熱源としての太陽から廃熱部としての地球大気までの熱エネルギーの流れをみると、段階を経るにしたがい温度が下がっていることがわかる。いずれも熱効率がプラスの熱機関だが、その大きさは段階を経るにしたがって小さくなっているのだ。

さらに、機械としての熱機関が摩擦によってエネルギーの一部を散逸し、使いづらく質の悪い（高いエントロピーの）熱エネルギーに変わっているように、熱機関としての地球でも同じようにエネルギーの劣化と散逸が起こっていることに注意しよう。エネルギー総量は保存されてはいるが、より温度の低い、質が劣化したエネルギーに変わっていることだ。つまり、熱機関の組み合わせとしての段階を経るごとに、エネルギーの質は落ち（エントロピーは増え）、最後には使いものにならない廃熱となって（エントロピーの高い熱エネルギーとなって）、宇宙空間に捨てられているのである。

灼熱の宇宙

地球だけでなく太陽も無数の星も、熱エネルギーを宇宙空間に排出している。そのため、宇宙空間に廃熱がどんどん溜まってゆくことになる。では、宇宙の将来はどうなるのだろうか。廃棄物を一方的に捨てていけば、どんどん溜まっていくのは当然である。それと同じことで、いかに広大とはいえ、宇宙空間でも天体が放出する廃熱が蓄積されていけば、ゆっくり温度が上がっていくことは必然である。悪魔的な言いかたをすれば、太陽の輝きも、人間の活動も、宇宙に廃熱を垂れ流し、宇宙空間のエントロピーを増大させているのだ。その意味で、星も人間も、宇宙の熱汚染の加害者なのである。

廃熱が溜まるにつれ、宇宙の温度は確実に上がっていくだろう。もし、地球を取り巻く宇宙の温度の方が地球大気の温度より高くなれば、もはや熱エネルギーは捨てられない。温度の低い物体から温度の高い物体へ熱エネルギーは流れないからだ。逆に、温度の高い宇宙から温度の低い地球に向かって、熱エネルギーが流れ込んでくるだろう。したがって、廃熱が溜まって宇宙の温度が上昇してゆくと、いずれ地球上の私たちは熱を外に捨てられなくなり、逆に宇宙から地球に熱エネルギーが流入するから、地球大気の温度が上昇してゆくと予想される。廃熱が捨てられない地球の温度は、さらに上昇するのは必定である。無数の星が輝き続ける限り、宇宙の温度は上がり続けるから、やがて地球は熱地獄となり果てるだろう。地球は灼熱の岩石の塊となり、やがて溶かされ、そして蒸発していくことになる。さらに宇宙の温度が上がれば、星すらも蒸発してしまうだろう。宇宙は、廃熱によってもたらされた熱地獄の中で、天体すべてが蒸発してしまい、熱いガスが漂うばかりとなって、いっさいの構造が消滅してしまうのだ。

これを「宇宙の熱死」と呼ぶ。時あたかも、ダーウィンの進化論によって神による生命体の種の創造が否定されたころ、科学者という悪魔によって宇宙の熱死が宣告されたのだ。熱死してしまうような不完全な宇宙しか創らなかった神なのか。それとも、神は自ら創造した宇宙に焼き殺されて決着をつけようというのか。折しも一九世紀末、神の死が悪魔によって高らかに宣告されたかに見える。

このように、科学革命後の物理学者は、悪魔の名を借りて「常識」に挑戦し、物質世界の法則を徹底させ、自ら神に挑戦する悪魔となった。これまで「当たり前」と思ってきた事柄の理由を問い詰め、そこになんらの根拠も見出せなかったとき、科学者という悪魔は常識を覆すことに躊躇(ちゅうちょ)しないのだ。また、この悪魔は、永久機関や錬金術が成功しないのは、神の恩寵が得られない人間の側に原因があるのではなく、物質世界の法則が自然界に貫徹しているがための必然の結果であることを明らかにした。そして、宇宙の熱死を宣告するまでにつけあがってしまった。神の無力さを如実に示したのだ。その背景には、古典力学と熱エネルギーに関する物理学が産業革命を成功に導いてきた自信があったに違いない。それは力学的世界観の完成を意味するのだが、同時に、その綻(ほころ)びへの予兆でもあった。

第三章　神と悪魔の間――パラドックス

パラドックスの効用

パラドックスという英語は、もともとギリシャ語で、「逆らう」「反対する」を意味する「パラ」と、「意見」「判断」を意味する「ドクサ」を合成した「パラドクサス」から来たらしい。一見正しそうだが実際は間違っていること、逆に一見間違っているようだが実際は正しいことを言う。日本語では「逆説」あるいは「逆理」と訳されているように、常識的な通説あるいは経験事実に対して、その逆こそが正しいと説く論説である。『広辞苑』第五版によれば、逆説とは「衆人の受容している通説、一般に真理と認められるものに反する説」とある。その説が正しい場合もあるし、間違っている場合もある。また、正誤の答が出ない場合もあるし、錯覚や勘違いに過ぎない場合もある。つまり、パラドックスは、私たちに思い込みによる間違いを気づかせてくれる神の役割をする場合があるとともに、私たちに真実などないのだと不可知論に陥らせる悪魔の役割をする場合もある。パラドックスは、ときには神となり、ときには悪魔となって、私たちの目を開かせたり、私たちを混乱させたりするが、よくよく考えることの大事さを教えてくれるのは確かである。

たとえば、「貧しき者は幸いである」というパラドックスがある。一般には、幸せになるためには金がなければならないという常識がある。しかし、たとえ金がなくとも心の持ちようで幸せは得られるし、もっと積極的に、金なんか持たない方が損得に囚われず、幸福になれる条件を備えているとも解釈することができる。

これはキリストの言葉だが、親鸞も「善人なおもて往生をとぐ、いわんや悪人をや」（『歎異抄』）と言っている。悪に手を染めず、世間の規律をちゃんと守ってきた人間こそ極楽往生を遂げることができると考えるのが普通だが、親鸞はそれだけではないと言うのだ。たとえ過去の罪業が深くとも、その罪を自覚して悔い、自らを罪悪感で責め続けているなら、そのような悪人もいうまでもなく極楽往生ができる、と説く。人間は知らぬ間に罪を犯している。人が困っているのを見て見ないふりをしたり、無情な言葉で他人を傷つけたり、無用の遊びで魚や獣を殺したり、正当な取引だとして貧乏人から金を取り上げたりしているではないか。それを悪と自覚せず、自分は善人だと思い込んでいる人間こそ罪が深い、というわけだ。

宗教家とは、パラドックスを駆使して人々にあっと思わせ、知らず知らずのうちに信仰に引き入れる名手なのだろう。オウム真理教の教祖が空中浮揚をしたように見せかけたのも、パラドックス利用の一つの形態であるに違いない。迷い人に思いがけない発想の飛躍や超自然的な力を感じさせるのにパラドックスを利用しているのだ。

右の例は、パラドックスを通じて、常識とか通念とされる言説を疑わせる効用を示している。もっと直截的に「急がばまわれ」とか「負けるが勝ち」というような真っ向から矛盾した表現を通じて、「急ぐこと」「負けること」の中身を考えさせ、とるべき心構えを教えてくれる場合もある。

また、後に述べるゼノンのパラドックスやオルバースのパラドックスのように、日常的に経験している事実に対し、理屈からはそうならないことを論証して私たちを考え込ませるものもある。私たちは、毎日のように眼にする事柄については、つい当たり前として疑うことなく受け入れてしまう。一般に、経験によって得られた知識は、事実として眼で見ているだけに、そのまま信じ込んでしまうことが多い。しかし、よくよく考えてみれば、なぜそうなのかが簡単にはわからない事柄や、見かけの姿や運動をそのまま受け入れると間違うような事柄も多い。たとえば、ブランコに乗った子供が誰も後ろから押さないのに大きく揺らせることができる理由とか、オーストラリアのアボリジニーが使っているブーメランを投げると戻ってくる理由など、その説明は意外に難しい。あるいは、摩擦のようなどこでも経験する現象は、未(いま)だに完全な説明がない。実は、私たちはよくわかっているようでいて、わからないことに取り囲まれているのである。また、太陽が東から昇り西へ沈むのを見れば、誰でも太陽が地球の周りをまわっていると思うし、スプーン曲げを目の前で見せられると、念力で曲げたと思い込まされてしまう。あるいは、テレビが大声で繰り返し報道すれば、いかにも本当のことのように思えてしまい、実際はどうであるかを考えなくなってしまう。

そのような、「事実」として眼で見てはいても「真実」を知っているわけではない、ということに気づかせてくれるのがパラドックスのもう一つの効用である。ゼノンが次々とパラドックスを持ち出して人々に論争を挑んだのは、独裁者である僭主（せんしゅ）が振りまく調子のよい喧伝の裏には、恐ろしい魂胆が隠されていることを気づかせるためであったと言われる（実際、ゼノンは、独裁権力によって捕えられ、公衆の面前で激しい拷問を受けた末、壮絶な最期を遂げたと伝えられている）。ゼノンは、ソクラテスの「汝自身を知れ」（これもパラドックスである）の精神を、知っているようで何も知らない日常の出来事にも広く適用したと解釈できる。また、オルバースは、「夜空は明るい」と論証して見せ、なぜ実際に夜空は暗いのか、宇宙はどのようになっているのか、を考えるきっかけを与えた。夜空の奥行きまで想像して考えることの大切さを、パラドックスによって示したのだ。パラドックスは、「事実」の底に隠れた「真実」を探り出すために重要な役割を果たすのである。

最後に、パラドックスは、世の中には決着がつかない命題も存在することを教えてくれる、という効用もあげておきたい。どのように論証しようとも矛盾が生じるため、その範囲内では何が真で何が偽であるか決定できない場合があるのだ。私たちは、必ず解が存在して安心立命（あんじんりゅうみょう）できる世界に住んでいるわけではないのである。

他にも、哲学、数学、物理学、経済学など、さまざまな分野でパラドックスが論じられ、その解決のための論理の検証を通じて、新しい論理学や思考の盲点が発見されたり、常識の錯誤に気づかされたりしてきた。パラドックスは、真実を暴き出す神の顔を持つとともに、真実なんてないさと神に挑戦する悪魔の顔も持っている。以下に、物理学や数学に関係するパラドックスを採り上げ、神と悪魔の関係を考えることにしよう。

ゼノンのパラドックス

紀元前五世紀、南イタリアにあるギリシャの植民都市エレア生まれのゼノンは、エレア学派の祖パルメニデスの高弟で、今日「精妙かつ深遠な四つの議論」（バートランド・ラッセルによる称賛）とされる四つのパラドックスを案出した。[*1] それらは、

①「動くものは動かない」……動くものは終点に達する前に、常にその半分の地点に達しなければならないので動かない

②「アキレスは亀を追い抜けない」……走ることの最も遅い者ですら、最も速い者によって追いつかれない

③「動く矢は動いていない」……自身に等しいものに即してあるときには、何物も動くことがない。しかるに、動くものは常に、今、等しいものに即してあるのだから、動く矢は不動である

④「半分が一に等しい」……互いに逆向きに等速度で運動する物体列が互いを通過し終えたとき、それらの各々は静止している物体列の半分しか通過し終えていないので、半分が一に等しい

である。これを読むだけだと何を言っているかわからない。

ゼノンがこれらのパラドックスを案出して以来二五〇〇年が過ぎ、ラッセルやベルグソンなどの名だたる数学者・哲学者が論じ、現代でもなおさまざまな解釈が出されているのだから、私がアレコレ素人談義をしても意味がない。簡単な解説だけを付けておこう。詳しくは、巻末にあげた文献『ゼノン　4つの逆理』（山川偉也著）を参照されたい。

アキレスと亀

①と②のパラドックスは、本質的には同じことを言っているので、よく知られている②の「アキレスと亀」を採用しよう。今、足の速いアキレスの目の前一〇メートルの位置に亀がいて、アキレスが逃げる亀を追いかけるとしよう。説明をわかりやすくするために、ここでは仮に、亀が動く速さはアキレスが走る速さの半分とする（むろん、亀の速さはもっとのろいが、①に半分の地点という言いかたがあるので、そう仮定するだけのことである）。

アキレスが亀のいた一〇メートル先の位置まで走ったとすれば、その間に亀は半分の五メ

ートル先まで動いているだろう。そこで、アキレスが亀のいる五メートル先まで追いかけて走る間に、亀は半分の二・五メートル先に移動している。さらに、アキレスが二・五メートル先まで追いかければ、亀は一・二五メートル先へと動いている。このように、アキレスが亀のいた位置まで走る間に、必ず亀もその半分の距離を前に進む。そして、この操作は無限に続くから、アキレスは亀に追いつけないことになってしまう。しかし、実際には、足の速いアキレスが二〇メートル走れば、足の遅い亀に追いつくことは簡単にわかる。なぜパラドックスが生じたのだろうか。

　このパラドックスは、アキレスが亀との距離を半分ずつ詰めていく操作を無限回おこなわねばならないことは事実だが、それをするのに無限の時間がかかるわけではない、ということを考えれば解ける。私たちは、無限回の操作をおこなうのには、無限の時間が必要とつい思ってしまうが、そうではないのだ。実際、$1+\frac{1}{2}+\frac{1}{4}+\frac{1}{8}$……という、前項の二分の一になる数を無限項足し算をしても、その和は2になって無限大にはならない。

　ゼノンの①のパラドックスも同じことを言っている。ある距離を動くためには、必ずその半分の地点を通過せねばならず、そこに達するまでにその半分の地点を通過せねばならず、そこに達するまでに……と無限に続くから、動くもの（競技者）はゴールに達することができない。つまり、「動くものは動かない」ことになってしまう。要点は、まず有限を無限個の部分に分割したことで無限回の操作が必要になり、それには無限の時間がかかると錯覚させたことにある。

動く矢は不動である

③のパラドックスでは、「等しいものに即してある」という表現の意味をはっきりさせておく必要がある。それを、「今現在の瞬間、確かにそこにある」と解釈しよう。矢は、この瞬間、その場所にあって、他の場所にはないということである。ところで、「すべてのものは、常に静止しているか、動いているか」の、どちらか一方である。今この瞬間に見ている矢は、その場所に確かにあるのであって、他の場所にはないのだから動かない。どの瞬間でも、矢は自分自身と同じ場所を占めているのだから動いているとは言えず不動であるのだ。現代流に言い換えると、動いている矢の写真を撮れば、その瞬間瞬間に静止した姿で、矢が占める位置に姿が写っているだけである。つまり、矢はそこにあって他の場所にはないことを示しているだけであって、それを動いていると言えるのか、と難じているのである。

ある瞬間だけを見ている限りでは、矢の位置は確定していることがわかるだけであって、動いているかどうかは決定できない。矢が写った写真からは、矢が動いているかどうかはわからないのだ。動いているかどうかを知るためには、次々と写真を撮って矢の位置の変化を知らなければならない。つまり、異なった時間での矢の位置を確定し、それから速度を求める必要がある。ゼノンは、詭弁家らしく「動く矢は不動」と思い切った言いかたをしたのだが、瞬間の情報だけでは速度が決定できないことを鋭く指摘しているとも言える。眼で矢の動きを追っているときは、私たちは、暗黙のうちに時間差と矢の位置の変化を追いかけ、動いていると認識しているのである（矢の速度は、時間差を無限小にしたときの位置の変化として求められる）。

半分は一に等しい

このパラドックスを展開するためにゼノンが出した例はわかりにくいので、より簡単なものに置き換えよう。要は、同じ「無限」といっても、さまざまな「濃度」がある、ということである。

たとえば、一と一・五の間には、無限個の数値（整数比で表わされる「有理数」も、整数比で表わされない「無理数」も、いずれも無限個）がある。同様に、一と二の間にも無限個の数値がある。一と一・五の間にある無限個の数値と、一と二の間にある無限個の数値を一対一で対応させれば、いずれも無限個あるのだから必ず対応づけられ等しくなる。無限個を半分にしても無限個だから、元の無限個と等しいというのが、このパラドックスの本質である。

しかし、これはなんとなくおかしいと思う。一と一・五の間にある無限個は、一と二の間にある無限個の半分ではないか、と思うからだ。しかし、無限の半分とか、無限の二倍という言いかたは意味がない。二つを比べれば、必ず対応関係がつけられるからだ。とはいえ、やはりなんとなくしっくりしない。無限にも大きさの差があるはず、と思えるからだ。ゼノンは、そのことを知りつつ、敢えて半分は一に等しいと言い切ったのだろう。そう言われても、同じ無限ではあっても異なっていることを示すのは、(ゼノン自身を含めて)誰もできなかった。なにしろ、二〇世紀にはいるまで、数学的にちゃんと証明できなかったのだから。

たとえば、整数の数は無限個存在する。有理数の数も、無理数の数も、無限個存在する。しかし、同じ無限個といっても、無理数の数は、有理数や整数の数より多そうだと見当がつく。いわば、無限の大きさを特徴づける「濃度」というようなものがあるからだ。それを測る手法としてカントールが集合論を考え出した。しかし、無限の概念は難しく、私の能力を超えているのでここで止めておこう。

右のゼノンのパラドックスは、無限分割(あるいは無限級数)、無限小の極限(あるいは微分)、無限の大きさを特徴づける濃度と、いずれも無限をめぐるさまざまな概念と関連していることがわかる。それらが、後の数学や物理学に大きな影響を与えたことは事実である。その意味で、ゼノンのパラドックスは、無限に対する神の導き手となった、と言うべきだろう。とはいえ、当時の人々や独裁者にとって、ゼノンは悪魔に見えたかもしれない(もっとも、そのころはまだ悪魔の概念は生まれていなかったけれど）。なにしろ、簡単に反論できない詭弁でもって常識を否定するのだから、「それはおかしい」としか言えないまま欲求不満になってしまうからだ。事実、ゼノンの論敵たちがさまざまな嫌がらせをしたことが伝えられているし、ゼノンの悲劇的な最期は独裁者の苛立ちの現れであったとも想像される。少なくとも、ゼノンはエレアの人々にとって、憎い悪魔に見えたのではないだろうか。

エピメニデスのパラドックス

ある一つの言明があるとする。その言明が真か偽かを判断できるのは、その言明が正しいと仮定して導かれる結論と、正しくないと仮定して導かれる結論が一致するような場合である。それこそが矛盾を含まない命題と言える。それに対し、その言明を正しいと仮定すれば正しくないという結論になり、正しくないと仮定すれば正しいという結論になるような、矛盾が導かれる場合をパラドックスと呼び、その言明が真か偽かの判断ができなくなってしまう。有名なパラドックスを紹介しよう。[*2]

紀元前六世紀の頃、クレタ島人であるエピメニデスが、「クレタ島人は全員嘘つきである」と言ったそうだ。さて、エピメニデスは、正直者なのだろうか、それとも嘘つきなのだろうか。それを確かめてみよう。

クレタ島人であるエピメニデスが「クレタ島人は全員嘘つきである」と言った。

- 彼が正直者と仮定した場合

彼の言は正しいはずだから、クレタ島人はみな嘘つきである。ならば、クレタ島人であるエピメニデスも嘘つきになり、正直者とした仮定と矛盾する。

（正直者と仮定→嘘つきと結論される）

- 彼が嘘つきと仮定した場合

彼は、クレタ島人は自分も含めて全員が嘘つきであると言明したのだから、正しい（嘘でない）ことを言ったことになる。つまり、エピメニデスは正直者であることになり、嘘つきとした仮定と矛盾する。

（嘘つきと仮定→正直者と結論される）

このように、エピメニデスを、正直者と仮定しても、嘘つきと仮定しても、結果はいずれも否定されてしまう。つまり、ある仮定の下で推論すると、必ず仮定とは逆の結論に導かれてしまうのでパラドックスである。したがって、エピメニデスの言が正しいのかどうかの判断が下せないのだ。

なんだか騙されたような気分である。そこで、同じ内容だが、もっと簡単な例で、このような矛盾が起こり得ることを示すことができる。たとえば、私が「私は嘘つきです」と告白したとしよう。さて、あなたは、私が嘘つきなのか、正直者なのかを、この告白で判断できるだろうか？

私が「私は嘘つきです」と言った。

●私を嘘つきだと仮定した場合
嘘つきなのだから、この告白も嘘であろう。
ならば、私は嘘つきではなく、正直者ということになる。
（嘘つきという仮定→正直者という結論）

●私を正直者だと仮定した場合
正直者なのだから、この告白は正しいのだろう。
ならば、私は嘘つきであって、正直者ではないことになる。
（正直者という仮定→嘘つきという結論）

このように、あなたは、この告白からは、私が嘘つきなのか正直者なのか判断できないのである。ある言明が意味を持ち、その意味が言葉の外のものとの関係を含んでいる場合を「意味論的」と呼ぶ。言葉の外のものが自分自身である場合にはパラドックスが生じやすく、これを「意味論的自己言及のパラドックス」と言うそうだ。ある意味を持つ言明が自分について語る場合には、仮定と結果が逆になって、真か偽か判断できない場合が多くなる。つまり、聞いている相手を騙しやすいのだ。

これに対して、言明の外との関係ではなく、言明自身の構造的特徴を語る場合を「構文論的」と言い、この場合は自己言及をしていてもパラドックスは生じない。たとえば、「この文は一五文字で書かれている」という言明は、自己言及をしているが、真であることは明白である。言明がその範囲内で閉じている場合はパラドックスが生じないのだ。[*3]

蛇足だが、パラドックスとは異なり、仮定と結果がいつも一致するもので、意味のない言明があることに注意しておきたい。その好例は、政治家が選挙のときに使う「私は嘘を申しません」という言明だろう。

ある政治家が「私は嘘を申しません」と言った。

●この政治家が嘘つきだと仮定した場合
　嘘つきなのだから、この言明も嘘であろう。「嘘を申す」のである。
　つまり、仮定した通り、この政治家は嘘つきと言える。
　（嘘つきという仮定→嘘つきという結論）

●この政治家が正直者だと仮定した場合
　正直者なのだから、この言明も正しいであろう。「嘘を申さない」のである。

つまり、仮定した通り、この政治家は正直者と言える。
(正直者という仮定→正直者という結論)

結局、「私は嘘を申しません」という政治家の言明は、それを受け取る側の私たちの考え(仮定)通りの答しか出てこないのだ。パラドックスは生じないが、政治家は何も言っていないに等しく、言明としては意味がないことがわかる。となれば、実際の行動によって真か偽かを判断しなければならない(だいたい、真っ赤な嘘だとわかるのだが)。意味のある言明とは、どう仮定しても、同じ一つの結論が出てこなければならないのである。

まとめると、ある言明が真か偽かを判断しようとする場合、

①その言明を真と仮定しても偽と仮定しても、必ず同じ結論が得られる→言明は真である
②その言明を真と仮定すれば偽、偽と仮定すれば真となり、必ず逆の結論が導かれる→言明はパラドックスで真とも偽とも判断できない
③その言明を真と仮定すれば真、偽と仮定すれば偽となり、仮定通りの結論しか得られない→意味のない言明である

の三通りになる。

エピメニデスのパラドックスは、オーストリア出身のゲーデルが一九三一年に発見した革命的な「不完全性定理」の存在を暗示しているそうだ。この難しそうな定理を砕いて言えば、「ある無矛盾な形式的論理体系において、真か偽かを証明することができない命題が存在しうる」というものである。論理学の言葉で言えば、「意味論的な自己言及のない、構文論的言明のみでは表現できない命題が存在し、そのような場合に真か偽かを判断できないパラドックスが生じうる」ということらしい。[*4] むろん、これは高等な数学の話であって、私たちが幾何学の演習問題を証明できないのは不完全性定理のためでなく、単によく理解していないだけのことである。

しかし、右のような簡単なパラドックスがなにやら深遠な定理と関係があるとなれば、パラドックスの効用がいかに大きいかがおわかりいただけると思う。パラドックスは、永遠に答の出ない暗闇の存在を、簡単な例で示してくれるのだ。暗闇から光が現れれば神の役割を果たし、暗闇のままなら悪魔の役割を果たす、それがパラドックスと言えるだろう。まさに、パラドックスは「神と悪魔の間」の役まわりを演じているのである。それにしても、古代ギリシャ時代に、パラドックスを通じて二〇世紀の数学が予見されていたのには驚く他ない。

オルバースのパラドックス——無限宇宙の夜空は明るい

「夜空はなぜ暗いのだろう」というのがオルバースのパラドックスである。当たり前じゃないか、太陽が地球の裏側にあるのだから、では話にならない。実は、宇宙に存在する星からの光をすべて足し上げると、太陽の明るさよりもっと明るくなって「夜空は明るい」ことになってしまうはずなのだから。[*5]

このパラドックスは、古代ギリシャ時代から別の形で論じられていた。原子論を唱えたデモクリトス（前四六〇頃～前三七〇頃）は、「宇宙空間は無限」であり、そこに「無限個の星」が存在していると主張した。すると、「夜空を見上げたとき、なぜ星はポツンポツンとしか見えず、暗闇がほとんどを占めているのか」という疑問にぶつかることになる。星は有限の大きさを持っており、遠くになれば距離の二乗分の一に比例して見かけのサイズ（面積）は小さくなるが、星の数は距離の三乗に比例して増えていく。それらを掛けたものが星の占める全面積となるから、距離が無限になれば全面積も無限になる。つまり、夜空は星で埋め尽くされることになってしまうはずである。では、なぜ夜空は暗闇ばかりなのか。アリストテレスは、端があり、有限の宇宙を提案して、この疑問を回避した。天動説宇宙で、星は恒星天球に貼り付いていて、それより外には何も（空間も星も）ない、としたのだ。

とりあえず、それで一件落着したが、ガリレイが夜空に「無数の太陽」を望遠鏡によって発見し、無限宇宙をニュートンが提唱したため、再び大きな疑問がわき起こってきた。それを具体的に示したのが、一七四四年、スイスの天文学者であるド・シェゾーである。

彼は、すべての星は、太陽と同じ大きさであり同じ明るさで輝いていると仮定し、宇宙空間に平均四光年間隔でランダムに散らばっているとして、夜空の明るさを計算した。その結果によれば、太陽から三〇〇〇兆光年の距離内にある星で夜空が埋め尽くされ、その明るさは太陽の八万倍となった。星の見かけの明るさは距離の二乗分の一に比例して暗くなるが、星の数は距離の三乗に比例して増える。それらを掛け合わせたのが夜空の明るさで、太陽の八万倍にもなると結論したのだ。彼は、賢明にも、星一つ一つが分解されて見えるのではなく、星の光が重なって夜空全体が明るくなると述べている（これを「背景光」と呼ぶ）。実際、森を横から見たとき、木の一本一本が見えるのではなく、それらが重なって向こうが遮られるのと同じである。ただ、彼は、宇宙は無限に大きいと考えていたが、夜空が無限に明るくなるとは言っていない。夜空が星で埋め尽くされてしまうと、それより向こうの星の光は、手前の星で遮られるから、地球に到達しないと考えたのだ。

このように、「夜空は明るいはず」と具体的に示したのはド・シェゾーだが、「オルバースのパラドックス」と呼ぶようになったのは、オルバースがその科学的な解決法を最初に提案したからだ（それ以前に、ケプラーは宇宙は黒い壁に取り囲まれているとし、デカルトは宇宙空間は有限であるとし、ゲーリケは宇宙は無限だが星が分布する領域は有限だとしたが、これらはいずれも無限宇宙を考えたわけではないので、パラドックスの解決法とは言えない)。とはいえ、「オルバースのパラドックス」と名づけられたのはごく最近の一九五二年のことで、膨張する定常宇宙論者であるボンディが、自らの宇宙論が抱えるパラドックスとして再提示したためである。それまでは、このパラドックス自体が忘れ去られていたのだ。

オルバースの不透明宇宙説

一八二六年、オルバースは、まずカントの文章だとする「創造者がどこかで仕事を止めたというのか。全能の創造者には限界はなく、空間は無限である」を引用し、有限宇宙を否定する。実は、この文章はカントの著作には見当たらず、オルバースは自らの主張を権威づけるためにカントより引用したかに見せかけたようだ。そして、無限の宇宙に無限個の星が存在するなら、空は太陽の九万倍も明るくなり、太陽や惑星はむしろ黒い点となって見えると、簡単な計算で示している。では、なぜ「夜空は暗い」のか。彼は、宇宙は透明ではないと言う。星と星との間の空間にはガスが漂っており、それらが星の光を吸収すると考えたのだ。森に深い霧がかかっているため、手前の木しか見えないのと同じである、と。彼は、シリウス(の距離にある星)の光が八〇〇分の一だけ吸収されたとするだけで、夜空が暗くなると結論する。シリウスより三万倍遠くにある星の光は、もう地球に届かないことになるからだ。

そして最後に、全能の神が不透明な宇宙を創造したのは、愛に満ちた神の深い知恵の証(あかし)であると言う。もし宇宙が透明で、すべての星の光が届けば、空が明るくなりすぎるため、私たちは宇宙のデザインや成り立ちを考えることができなくなるからだ。光に満ちた宇宙を創造したはずの神は、光が自由に飛べない宇宙としたというわけである。パラドックスを解くためには、パラドキシカルな神としなければならなかったのである。

しかし、オルバースの不透明宇宙説ではこのパラドックスを解決できないことは、早くも一八四四年にジョン・ハーシェルが指摘している。確かに、光は吸収されてなくなってしまうだろうが、光はエネルギーを持っていることを忘れてはならない。光が吸収されると、そのエネルギーは物質を温めるのに使われる。つまり、吸収体の温度が上がっていくのだ。すると、その物体は熱放射するだろう。光の吸収と熱の放射が等しくなるのが星の寿命より短いなら、吸収したエネルギーと同じ量を放出していることになる。実際、地球は太陽から受け取ったエネルギーを宇宙空間へ再放出しており、それによって地球の温度がほぼ一定に保たれている。とすれば、宇宙全体から太陽の九万倍のエネルギーが地球に降り注いでいることとは変わらないのだ。

オルバースの不透明宇宙説を救いうる唯一の方法は、吸収体がブラックホールのような熱放射を再放出しない（できない）物体であって、輝く星一個に対して一兆個存在すればよいとするアイデアである。もっとも、これは、単に数の上でのことで、現実的でないのは言うまでもない。

シャーリエの階層的宇宙説

オルバースのパラドックスが生じたのは、星の見かけの明るさが距離の二乗分の一に比例して減少するのに対し、星の数は距離の三乗に比例して増大し、その積は距離に比例して大きくなるためである。そして、無限宇宙なら距離は無限だから、積も無限になるというわけだ。この論理のどこかが現実的でないためにパラドックスとなっているのだから、それを一つ一つ吟味すればよい。

その最重要な仮定は、星の数は距離の三乗に比例して増加するという仮定である。このように仮定できるのは、星の分布が宇宙空間のどこでも同じで、空間密度が一定となっている場合である。しかし、現実はそうではない。星は銀河という形で集団となっており、銀河は銀河群とか銀河団と呼ばれる大集団を作っている。さらに、長い間論争があったが、銀河群や銀河団も超銀河団という巨大集団をなしていることが、一九八〇年代に明らかにされた。このように、宇宙は階層構造となっているのだ。興味深いことに、銀河、銀河団、超銀河団の、三つの階層における星の空間密度を調べると、その典型的な大きさの二乗に反比例して小さくなっていることがわかってきた。より大きな集団ほど、より大きなスケールで分布しており、星の個数は距離に比例すると考えてよい。つまり、宇宙が階層構造をとっているために、星の見かけの明るさと個数をかけたものは距離に反比例することになり、パラドックスは回避できるのである。

　このように、遠方になるほど星の個数密度が距離の二乗に反比例して減っていくなら、私たちがいる場所の空間密度が最も高いことになり、またもや、私たちは宇宙の特別な場所に住んでいるエリートと考えるのか、と思われるかもしれないが、そうではない。宇宙のどこから測っても、星の空間密度が距離の二乗に反比例して減少するような階層構造を考えることができるからだ。第五章で述べるように、宇宙がフラクタル構造となっていればよい。フラクタル構造とは、大きなスケールで見ても、小さなスケールで見ても、同じ姿に見えるような性質のことで、これを「自己相似性」という。簡単な二次元面での例で、自己相似の構造を示してみよう。

　銀河のモデルとして、四個の星が縦横の長さが二の正方形の中に、図３－１の①のように並んでいるとしよう。このとき、二×二の面積に四個の星があるので、$\frac{4}{4}$＝１が面積密度で、これを宇宙構造の単位である銀河とする。この銀河四個が縦横の長さ六（長さ二の正方形が三個ずつ並んでいる）の正方形に似たパターン（厳密には相似形ではない）で、図３－１の②のように並んでいるのを銀河の集団と考えよう。このときの面積密度は、$\frac{16}{36}$＝０・４４４……で、銀河の半分以下になる。さらに、超銀河団では、図３－１の②の銀河の集団四個が縦横の長さ一八（長さ六の正方形が三個ずつ並んでいる）の正方形内に②と相似形のパターンで並んでいるとすると、図３－１の③の面積密度は$\frac{64}{324}$＝０・１９７５……と、

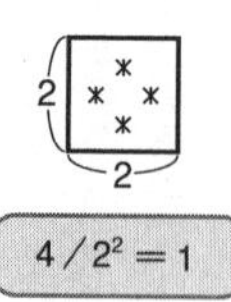

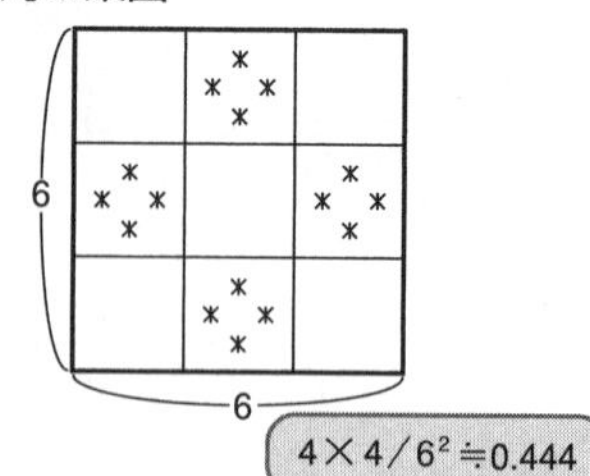

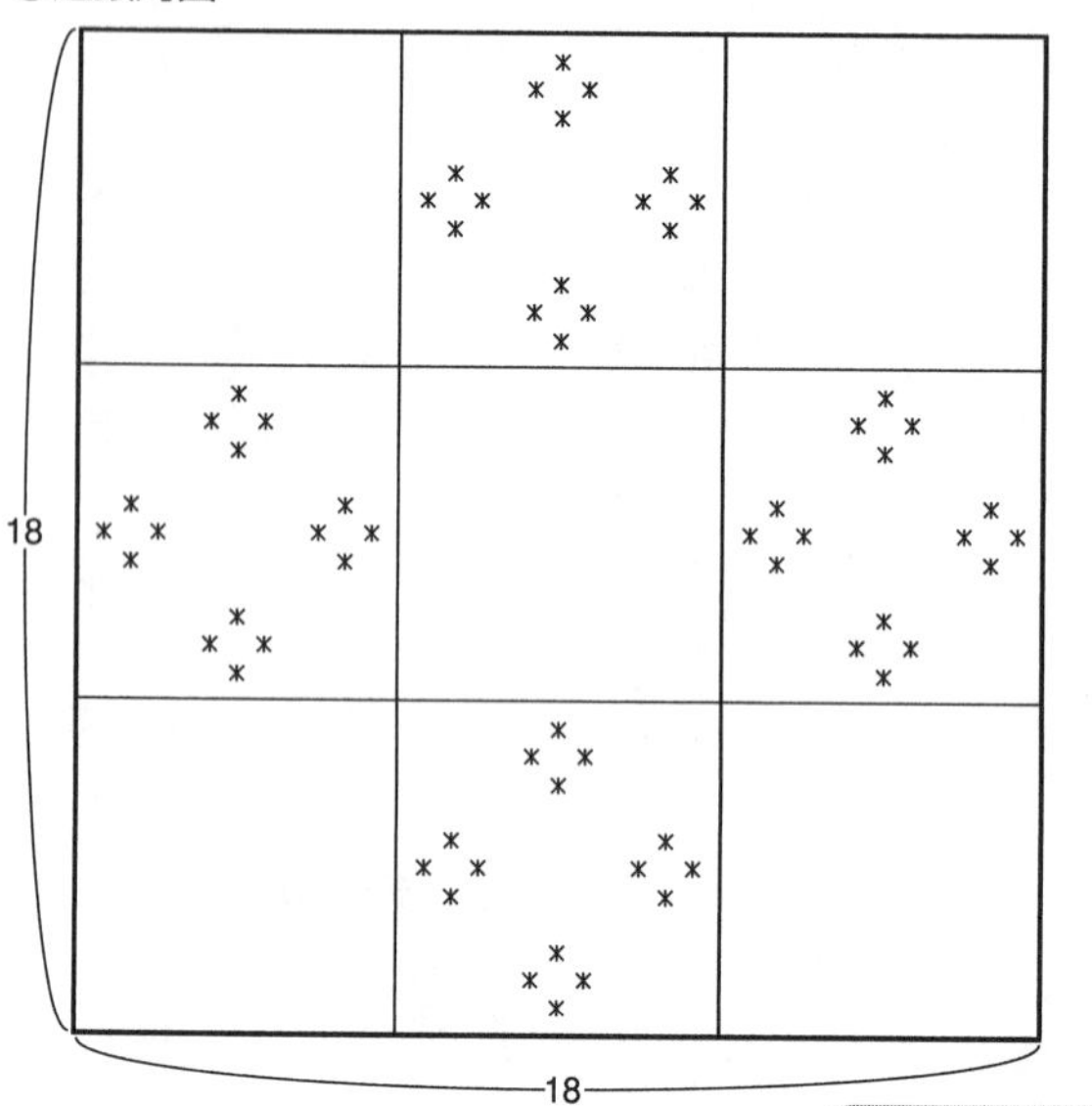

図3-1

さらに二分の一以下になる。この超銀河団も同じパターンで並んでいるとすれば、星の面積密度は$\frac{256}{2916}$＝０・０８７７……となるだろう。面積が九倍になっても、銀河の数は四倍しか増えないから、銀河の面積密度は、より大きなサイズになるにつれ、九分の四ずつ小さくなっているのである。

　このような相似的な銀河分布のパターンが無限に続いている場合、どの銀河から宇宙を見ても大局的には同じ姿に見えるだろう。宇宙はどこも同じで特別な場所は存在しないという条件は、このような階層的な構造によって満たすことができるのである。実際の銀河は、一〇〇〇億個もの星が三次元的に分布しているから、こんなに単純なものではないけれど、考えかたは同じである。

　そこで、無限宇宙では無限の系列で階層構造が存在し、星の空間密度は距離の二乗に反比例して減少しているとしよう。その場合、星の数は空間密度に体積を掛けたものになるから、距離の一乗倍でしか増加しない。無限宇宙なら距離は無限大となるから、星が無限個存在することは変わらない。しかし、距離の二乗で減少する見かけの明るさと掛け合わせると、距離の一乗に反比例して減少することになる。つまり、遠方の星の寄与は距離が大きいほど小さくなるため、無限宇宙であっても夜空は明るくならないのだ。これが一九〇八年にスウェーデンの天文学者シャーリエが提案した階層宇宙である。

　このアイデアでパラドックスが解けたように思えるが、一つ重要な難点がある。無限の宇宙に無限の系列の階層構造が存在する、という仮定である。もし、どこかの階層で打ち止めになっていて、その最大階層の天体が宇宙に一様に存在するということになっていれば、星の空間密度はそこで一定となるから、再びパラドックスが生じてしまう。実際には、似たパターンの階層構造が無限に存在しそうにないので、この考えかたでパラドックスを解くことは難しそうである。もっと単純で、観測的にも証明できる解決法があるなら、そちらを採用すべきなのである。

パラドックスの解決

結局のところ、オルバースのパラドックスは、観測できる宇宙の領域は有限であり、けっして無限個の星からの光が地球に到達しているわけではないという、至って単純な考えかたによって解決されることになった。無限に大きな宇宙の無限個の星からの光、という最初の仮定が正しくなかったのだ。その直接的な証明は、一九二九年に宇宙が膨張していることが発見され、宇宙年齢が有限であることが明らかにされたことである。すると、私たちに光が届く範囲は、宇宙年齢に光の速さを掛けた領域内でしかない。これを「宇宙の地平線」と呼ぶ。宇宙空間が無限であっても、有限の領域の星からしか光が届かないので、輝く星の数は有限になり、夜空を明るくすることにならないのだ（さらに、星の年齢も有限だからすべてが輝いているわけではないこと、宇宙の膨張によって光が偏移を受けて星からのエネルギーが減少する効果なども考慮する必要があり、それらも夜空を暗くする効果として働く）。

　奇（く）しくも、エドガー・アラン・ポーは、宇宙膨張が発見されるはるか以前の一八四五年に『言葉の力』というエッセイで、「宇宙には金の壁（ゴールデン・ウォール）があって、それより向こうの星の光は我々に到達しない」と述べていた。さらに、一八四八年の詩論集『ユリイカ』においても、「あまりに宇宙が巨大であるため、光線が未だ到達し得ない領域がある」と述べている。ポーは科学にも強い詩人だったが、光の速さと星の寿命を結び合わせ、有限の領域しか観測できないと推測していたのだ。詩人の直観とは、恐るべきものである。宇宙膨張の発見によって、ポーが夢想した「ゴールデン・ウォール」は宇宙の地平線であることが明確になったのである。

　宇宙膨張の最初の一撃を与えた神は、そもそも「夜空が明るい」などと人間が議論し始めるとは考えなかったのではないだろうか。とにかく漆黒（しっこく）の混沌で宇宙が生まれ、「光あれ」と神が命じて天と地ができたくらいなのだから、そもそも明るすぎる夜空なんか想定もしていなかったはずである。ところが人間が神を買いかぶりすぎて、「全能の神には無限がふさわしい」などと考えたものだから、余計なパラドックスに振りまわされることになってしまった。人間こそがパラドックスの根源であるのは間違いないようだ。

第四章　神のサイコロ遊び

科学と技術の自立

二〇世紀が近づくにつれ、ニュートンの力学的世界観が危機に瀕してきた。これまでに知られなかった新粒子が続々と姿を現し、思いがけない現象が発見されたためである。ニュートン力学によって完全に予知できるはずの物質のふるまいが、物質自身の思いもかけぬ挙動によって、なんら予測できないことが明らかになってきたのである。

この展開は、自然研究における技術の進展を抜きにしては語れない。不純物を取り除く素材精製技術の発展、微弱信号や微小時間を測定する精密機器の発明、電波やX線を捉える素子開発、強い磁場や電流を発生させる装置製作、粒子を加速し衝突させて新粒子を発生させる装置、それらを精確に計測・検索する技術者の養成などである。どの時代の科学も、その時代が持つ技術のレベルで制限を受けている。新技術は、これまでの科学の成果を確証しつつ、新たな矛盾を具体的に突きつけるからだ。新しい科学を展開するにあたっての技術の能動性は、充分意識すべきだろう。

産業革命によって科学の力が如実に示されるようになるにつれ、もっぱら専門的に科学研究をおこなう科学者と、その成果を可視化する技術者が登場するようになった。科学を意味するサイエンス（science）の語源は、人類が獲得した知識全般を指すラテン語のスキエンチアである。しかし、一九世紀中頃から、もっぱら自然科学そのものに限定して使われるようになった。同時に、職業として——つまり、給与を得て——科学研究をおこなう科学者（scientist）が登場した。それまでは、自然哲学者（natural philosopher）と呼ばれ、家の財産やパトロンからの援助によって自然の研究をおこなっていたのである。例えば、莫大な財産によって職に就くことなく研究に没頭できたのが、水素を発見した物理学者のキャベンディッシュであり、進化論を提唱した生物学者のダーウィンであった。それらに比べ、家が貧しかったニュートンは、ケンブリッジ大学から支給される教授職の給与では研究はできないと常にぼやいていたという。彼が造幣局長官や国会議員になり、練金術に凝ったのは、貧しさの中で研究した辛さの裏返しの行動であったのかもしれない。財産を持たないサイエンティストが自立して研究できるようになったのは、科学が国家の重要な一部門となり、系統的な投資がおこなわれるようになってからである。

さらに、技術が科学の後を追うようになった。科学の力によって発見された法則や原理を、具体的な製品として人工物とすることによって人間の能力を拡大するとともに、生産効率を上げ、便利で快適で健康的な生活を人類にもたらしたのだ。科学・技術の生産力増強への有効性が認識され、産業化社会がもたらされた。

その一つの典型が鉄鋼や自動車をはじめとする重厚長大な産業で、ニュートン力学の世界である。これらは巨視的物体から成り立っており、その運動は完全に決定できる。もう一つは、一九世紀中頃に完成された電磁気学で、電気と磁気がコインの裏表のように互いに転換できることが明らかにされ、それは技術化されてただちに電気の時代を切り拓くことになった。これら二つは電気が重厚長大産業を動かす基本動力となることによって結びつき、フォード自動車工場で代表される大量生産システムが花開くのが二〇世紀初頭であった。ニュートン力学、電磁気学、そして熱機関に関する熱力学を総称して古典物理学と呼ぶが、その成果を技術化して社会に送り出す体制が整ったのだ。これが、二〇世紀を「科学・技術の世紀」とした原動力であった。

　同じ二〇世紀初頭、物理学の前線は微視的世界に突き進んでいった。技術開発によって、微視的世界を探究することが可能になったからだ。その世界で発見された法則は、神が物質の運動に決定論的な役割をなんら果たしていないことを、如実に示すことになった。

原子への肉薄

　ニュートンも凝ったといわれる錬金術（アルケミー）は、物質間の反応を調べる化学（ケミストリー）という分野の先導者となったことは第二章で述べた。その結果、酸素や水素などさまざまな元素が発見され、一八世紀に質量保存則（ラボアジェ、一七八九年）や定比例の法則（プルースト、一七九九年）のような化学反応の規則性が経験的に見出された。それらの反応法則を理解するために、すべての物質は原子（アトム）から成り立っているとする原子論が、一八〇三年にイギリスのドルトンによって提案された。古代ギリシャの哲学者デモクリトスが、「すべての物質は、それ以上分割できない微小な粒子（アトム、原子と訳す）から成り立っている」とした原子論を復活させたのである。しかし、原子は、直接見ることができず、それを仮定すれば化学反応がうまく説明できるという「仮説」でしかなかった。原子の実在を科学者が確信するようになるには、二つの重要な発見が必要であった。

一つは、一八五九年、ドイツのキルヒホッフによる元素のスペクトル線の発見である。キルヒホッフは、元素を白熱するまで熱して発光させ、その光をプリズムに通して波長ごとに分解すれば――これを分光またはスペクトル分解と呼ぶ――各元素それぞれが特有の波長の光（スペクトル線）だけを強く発することに気がついた。元素はそれぞれに特有のスペクトル線という「指紋」を持っているのだ。逆に言えば、やってくる光を分光してスペクトル線を調べると、光源にどのような元素が存在しているかがわかることになる。この発見によって、太陽にはナトリウムなど地上にあるのと同じ元素が存在していることを確かめ、太陽は地球と同じ元素から成り立っていることが明らかになった。さらに、各元素が発する多数のスペクトル線の波長分布を詳しく調べると、

①いくつかの系列に分けることができる
②各系列の波長分布は簡単な公式で表わされる

ことがわかってきた。このスペクトル線の規則性は、元素がなんらかの構造を持っていることを暗示しており、その実体である原子に内部構造があることを示していると考えられるようになった。

もう一つは、その後発見された多数の元素を反応性によって分類することにより、きわめて美しい規則性を示すことがわかったことである。一八六九年、ロシアのメンデレエフは、元素を重さ順に並べているうちに、反応性によって七種類に分類でき、それが周期的に現れることに気がついた。それを縦横二次元の面に表示することによって、元素の周期律を目に見えるようにしたのだ。元素とは、そもそも物質の究極的な要素で、化学的手段によってもはやそれ以上分解できない物質、つまり原子そのものである。一般に、「元素」と呼ぶ場合は金や鉄のように同じ原子が多数集まったマクロな物体をイメージし、ミクロ世界の物質の基礎単位を「原子」と呼ぶ傾向があるが、本質的には両者は同じ物である。このように、一九世紀の後半になって原子の実在が確信されるようになり、原子そのものについての研究が加速されるようになった。

並行して、物質の微視的な構造についての研究が別の方向から進んでいた。イギリスのフアラデーは、電磁現象の研究のために、真空にしたガラス管の両端にプラス極とマイナス極を取り付けて電圧をかけると電流が流れ、同時にガラス管が緑色に輝くことに気づいていた。これを「蛍光」と呼ぶが、よくよく調べてみれば、マイナス極からなんらかの放射線が出てガラス壁にぶつかっており、それによって輝く現象であることがわかってきた。このマイナス極から出ている放射線は後にドイツのゴルトシュタインによって「陰極線」と呼ばれるようになったが（一八七六年）、この陰極線こそが微視的世界の窓を開けることになった。

その最初は一八九五年、ドイツの物理学者レントゲンによるX線の発見であった。彼は陰極線による蛍光現象の実験をしていた際、陰極線が当たらないはずの場所においた蛍光紙から光が放射されていることに気づいたのだ。その起源をたどっていくと、強い透過力のある未知の放射線が陰極管から発していることがわかってきた。さらに、一八九六年にフランスのベクレルはウラン化合物からX線と同じ放射線が出ていることを突きとめ、翌年にキュリー夫妻は放射線の強度がウランの量に比例していることを明らかにした。それだけでなく、キュリー夫妻はポロニウムやラジウムも放射線を発していることを明らかにし、これら放射線を発する物質（その能力を持つもの）を放射能と名付けた。物質の内部から何か得体のわからない放射線が洩れ出ているのだ。科学者は原子内部の世界へおそるおそる足を踏み入れ始めたのである。

一八九七年、イギリスのトムスンは、陰極線の正体がマイナスの電荷を持った粒子であることを証明し、その質量と電荷の比を決定することに成功した。なんと、その質量は、知られている最も小さな原子である水素の一八〇〇分の一でしかなかった。この粒子が電荷を担う基本粒子と考えられたため、摩擦電気を発する琥珀(こはく)のギリシャ語にちなんで「エレクトロン(電子)」と名づけられた。陰極線は、強い電圧がかかったときにマイナス極から飛び出してくる電子であったのだ。そして、ウランから飛び出してくるマイナスの電荷を持った粒子で、ベータ線と呼ばれた放射線も同じ電子であることが、ほどなく明らかになった(一九〇〇年)。微視的世界の主役の一つである電子が、具体的に顔を出してきたのだ。さらに、X線は、高エネルギー電子から放射されており、光と同じ電磁波で、エネルギーの高い光とみなせることもわかってきた。微視的世界の秘密が少しずつ暴かれていったのだ。

　電子という粒子の存在が明らかになって、原子内部についての研究が飛躍的に進むことになった。その一つが、(自然に電子を放射するウランのような金属ではなく)銀やセシウムのような、そのままでは電子は出てこないのに、光を当てると電子が飛び出してくる「光電効果」の研究である。これによって、

①金属ごとに決まった、ある特定の波長より短い光でしか電子は飛び出してこないこと
②光の波長をより短くすると飛び出してくる電子のエネルギーはより高くなり、波長をより長くすると飛び出してくる電子のエネルギーがより低くなること

③光の強度を増すと、飛び出してくる電子の数は増えるが、個々の電子のエネルギーは変わらないこと

という結果が得られた。さて、これは何を意味しているのだろうか。

原子の構造

究極の物質であるはずの原子なのに、熱すればスペクトル線が出、電圧をかけたり光を当てたりすると電子が飛び出してくる。それも、まったく不規則ではなく、ある種の法則性を持っているらしい。ならば、原子はある規則的な構造をとっており、その状態の変化によってスペクトル線や電子が放射されるのではないだろうか。そうだとして、それらの実験結果を再現できるような原子の構造はいかなるものだろう。いわばブラックボックスである原子に熱や光や電圧を加えて、内部の状態を探り出そうとしたのである。こうして、物理学の最前線は微視的世界である原子の内部へと突き進んでいったのだ。

一般に、電子が運動すると光（電磁波）を放出する。そこで、原子内部には電子が存在しており、その電子の運動によってスペクトル線が放射されると考えてよいだろう。ところが、電子はマイナスの電荷を持っており、原子は電気的に中性だから、原子内部にはプラスの電荷を持つ物質が存在するはずだ。それが何であるかはまだわからないが、スペクトル線

の謎を原子の内部構造から説明できないものだろうか。奇しくも同じ一九〇四年、二つの原子模型が提案された。一つは前述した電子の発見者トムスンによる「ぶどうパン模型」であり、もう一つは日本の長岡半太郎による「土星模型」であった。

トムスンの原子模型は、「ぶどうパン模型」と呼ばれるように、プラスの電荷を持った物体がパン生地（きじ）のように広がっていて、その中にマイナス電荷の電子が乾ぶどうの実のように点々と散らばっている、というものだった。外部から加えられた電圧や光によって電子が揺すられると、光を放出したり、電子自身が飛び出してくるとすれば、スペクトル線や光電効果が説明できると考えたのだ。彼は、原子の質量は電子が担っていると仮定したので、原子の中には数千個の電子が存在していることになり、スペクトル線を説明するために、電子が何重ものリング状に並んでいるとする必要があった。

一方、長岡半太郎は、プラスの電気を持つ大きな球が中心にあり、その周辺を電子がまわっているとするモデルを提案した。ちょうど、巨大な土星の周りをリングが取り巻いているようなイメージなので「土星模型」と呼ばれるようになった。このモデルでも、電子は何重ものリングの上を運動しており、その運動状態からスペクトル線を説明しようとしたのである。

いずれのモデルにも共通するのは、スペクトル線を説明するために電子がリング状に並んでいると考えていることだ。また、そうすることによって原子の周期律もうまく説明できそうに思えたのである。しかし、決定的な困難があった。古典的な電磁気学によれば、電子が加速運動すると光を放射してエネルギーを失ってしまう。リング状に電子が並んで回転していれば、常に加速運動をしていることになるから徐々にエネルギーを失い、やがて原子は潰れてしまうことになる。これでは、原子も、原子から成るすべての物質も、永続することができないのだ。

一九一一年に、ニュージーランド出身のラザフォードは、原子の中心に非常に小さなプラスの電荷を持った粒子（原子核）があり、それが原子の質量のほとんどを担っていることを明らかにした。長岡モデルの方が現実に近いことがわかったのである。たとえば、最も軽い原子である水素は、中心にプラスの電荷を持つ陽子（プロトン：「第一の」というギリシャ語）があり、その周りをマイナスの電子が一個まわっているというモデルが確立した。しかし、依然として原子が不安定であるという困難が残っていた。この困難を解決するために、原子の世界ではエネルギーが量子的となっており、古典物理学のような決定論ではなく、物質の運動を確率的に記述する量子論を持ち込まねばならなくなった。微視的世界でサイコロ遊びに興じている神の姿が見えてきたのだ。

量子論の登場

実は、量子論そのものは、原子の安定性を議論する以前、まさに世紀の変わり目である一九〇〇年にドイツのプランクによって提案されていた。一九世紀半ば、鉄鋼産業が盛んになり始めていたドイツで、溶鉱炉内部の温度を見積るのに、溶鉱炉に開けた小さな窓から漏れ出る光の波長分布がよい指標になることが知られていた。光の研究に従事してきたキルヒホッフは、このことを知って放射されたすべての電磁波を吸収したり放出する物体を「黒体」と呼び、溶鉱炉は理想的な黒体であると指摘した。そして、ある温度に加熱された溶鉱炉では、電磁波は放射と吸収がつり合った平衡状態にあって、電磁波の波長分布は温度だけで決まっているとして、これを「黒体放射」と呼んだのである（一八六〇年）。

その後、多くの物理学者が黒体放射の波長分布の表式を探し求めたが、結局、全波長領域で実験と一致する答を与えたのはプランクであった。彼は、放射される光のエネルギーは連続的な値をとるのではなく、離散的な値をとると仮定した。つまり、光は粒々の粒子から成っていると考えたのだ。そして、一個の光粒子のエネルギーは、波長に反比例するとした。たとえば、波長の短い紫の光粒子一個のエネルギーは波長の長い赤の光粒子一個のエネルギーの二倍である、というふうに。そう仮定しなければ、溶鉱炉の黒体放射の波長分布（つまり、エネルギー分布）が再現できなかったのである。

そこで、プランクは、エネルギーの粒を量子（「何個？」を意味するラテン語の quantum の複数形 quanta）と呼び[*1]、黒体放射は光エネルギーが量子となっていると考えなければならないと強調した。この光エネルギーと波長の逆数を結びつける比例定数がプランク定数である。非常に小さな値だから、マクロな物質では事実上ゼロとしてよい。つまり、小さなエネルギーの粒子が非常に多数の集団では、ほとんど連続的なエネルギー分布としてよい。しかし、一つ一つの粒子が問題になるような微視的な世界では、エネルギーが量子的（飛び飛びの値をとる）と考えねばならず、黒体放射がまさにそれである、と考えたのだ。プランク自身は、はじめ、物理学的な根拠はなく、単なる数学的な便法と考えていたが、原子の世界にもこの考えかたを適用しなければならないことを示したのがアインシュタインであった（一九〇五年）。

金属に光を当てると電子が飛び出てくる光電効果の実験では、先にまとめたように三つの法則性が知られていた（一〇四～一〇五頁参照）。これを解釈するために、アインシュタインは、光はその振動数（波長に反比例する量）に比例するエネルギーを持つ粒子からできていると仮定した。とすると、金属表面にある原子は、光を分割せず、そのまま粒々として吸収することになる。

もし光の波長が長ければ、個々の光粒子のエネルギーが小さいから、いくら強度（光粒子の数）を増しても、金属から電子を剝ぎ取ることができないことが説明できる（実験事実の①）。自然状態では金属から電子が飛び出してこないということは、金属中の電子にはある高さの障壁があることを意味し、それを越すエネルギーが与えられなければ電子は飛び出してこないためである。波長の長い光粒子では、いくら数が増えても障壁が越せないのだ（走り高跳びで、一メートルを一〇回飛んでも高さ一〇メートルのバーを越えられないのと同じである)。

また、光の波長が短くて光電効果が生じている場合、波長を短くすると光粒子のエネルギーが大きくなるから、それを吸収し飛び出してくる電子のエネルギーも大きくなるが、光の波長を長くすればその逆になる(実験事実の②)光の強度を増すと、同じエネルギーで入射する光粒子の数が増加する。そのためぶつかる電子の数は増えるけれど、個々の電子がもらうエネルギーは光粒子一個分だけだから、みんな同じになる(実験事実の③)。

以上のように、アインシュタインは、光粒子がエネルギーの量子(光子)となっていると仮定することによって、光電効果を過不足なく説明することができた。ならば、量子論は単なる数学的便法ではなく、微視的世界で成立する物理法則である可能性が高い。ただ、黒体放射も光電効果も、光についての量子論である。では、この量子論は同じ微視的世界の原子にも成立するのだろうか。

一九一三年、デンマークのニールス・ボーアは、原子の安定性を保証しているのは量子論であることを主張した。原子は、その中心にプラスの電荷を持つ原子核があり、電子がその周辺をまわっている、というモデルはラザフォードの実験によって確定していた。しかし、古典電磁気学のままでは、電子はエネルギーを放射して落下してしまい、原子は有限の時間で潰れてしまう。そこで、ボーアは、電子の軌道運動に量子論を適用することにした。軌道運動する電子が放射することができる光のエネルギーは量子的で、離散的な値しかとれないと仮定したのだ。そして、内側の軌道が空いていて、電子が外側から内側の軌道へ落ちたときのみ、その軌道間のエネルギー差を持つ光を放出すると仮定した。古典的な電磁気学では、電子は連続的に光エネルギーを放出して螺旋（らせん）を描きつつ内側へ落ち込んでいくが、量子論では階段的にしか軌道を移ることができないとするのだ。また、内側の軌道に空きがない場合か、一番内側の最低エネルギーの軌道まで落ちてしまった場合、もはや光エネルギーを放射することができず、そのまま安定な軌道運動をするとすれば、原子の安定性は保証される。

そのように考えて、電子がとりうる軌道を計算してみれば、ちょうどキルヒホッフが発見した（一〇二頁参照）スペクトル線の系列が再現できるし（実験事実の①）、特徴的なスペクトルの波長分布を簡単な数式で表現することもできた（実験事実の②）。ただし、この段階では、そうなっておれば都合がよいという、現象論的なモデルでしかない。なぜそのようになっているのかの理由を説明したわけではなかった。しかし、これによって原子の世界にも量子論を適用しなければならないことが明らかになり、新しい力学法則を求めて物理学の革命が始まったのである。

確率の世界

量子論の第一の特徴は、ハイゼンベルクが発見した不確定性原理にある。粒子の位置と速度、あるいはエネルギーとその状態にある寿命が、同時に双方とも完全に決定できないという言明である。それも原理的に決定できないのであって、測定誤差のことではない。古典物理学のニュートン力学では、粒子の位置と速度は、いついかなる状態でも完全に決定できた。いかなる物質であれ、ニュートン力学によって、その来し方行く末を完全に予見できることが、神を不要とする「ラプラスの悪魔」が登場する素地となったのだ。

ところが、量子論は、粒子一個一個の位置や速度は予言できない。どのような確率でその位置にあり、どのような確率でその速度で運動しているかが予言できるにすぎないのだ。原子は中心にある原子核とその周りをまわる電子から成る、と素朴に考えられてきた。しかし、実は、電子は、原子核の周りを回転運動しているのではなく、雲のように広がって分布していて位置は完全に確定しておらず、私たちは電子がどの位置にどのような確率で存在しているかを計算できるに過ぎないのだ。

さらに重要なことがある。不確定性原理があればこそ、原子が安定になっていることである。電子が一番内側の最低エネルギー状態に安定して留まり続け、けっして中心の原子核へ落ち込まないのは、不確定性原理によって、電子を原子核が存在する狭い場所に確定して閉じ込めることができないため、と言えるからだ。電子の位置は、不確定性原理によって一億分の一センチ程度に広がっており、サイズがその一〇万分の一の大きさでしかない原子核に落ち込めないというわけだ。

電子を発生する装置がある。この装置から電子が一個ずつ作られ、スクリーンに向かって飛んで行く。しかし、今、装置を飛び出した電子が、スクリーンのどこに到着するかはわからない。ただ、各々の位置に来る確率が何パーセントであるとしか言えないのだ。まさに個々の電子の運命は確率でしか決まらないのである。実際、電子を発射し続けていくと、スクリーン上の各位置に到着する電子の数は、その確率に比例していることがわかる。量子論は確率しか計算できないのだ。とはいえ、この確率そのものは厳密に決定できるから、その意味では量子論は決定論なのである。古典力学は粒子の位置や速さについての決定論であったが、量子論は確率についての決定論であり、個々の粒子の位置や速さを決定できるわけではない。ちょうど、宝くじには必ず一〇〇〇万円の当たりくじがあるが、それが誰に当たるかは確率でしかわからないのに似ている。

ここにおいて、悪魔は困ってしまう。悪魔はどの粒子に乗って動くべきかわからない。神に便乗して幸を与えるべき相手も、神を裏切って不幸を配るべき相手も、悪魔にはあらかじめわからないからだ。そして、それは実のところ神も同じなのである。神も、幸と不幸の配分をサイコロを振って決めるしかないからだ。

この神の（そして悪魔の）ジレンマを、最も悩んだのがアインシュタインだった。彼の「神はサイコロ遊びをしない」との言は、確率でしか予言できない量子論は不完全であるとの主張である。本来、個々の電子はスクリーン上のどこへ到着するか決まっているはずで、ただその決定法をわれわれが発見していないがゆえに、量子論というサイコロ遊びに似た力学理論ができていると考えたのだ。アインシュタインは、光電効果の理論によって量子論の幕を開けた張本人であり、その業績によって一九二一年にノーベル物理学賞を得たのだが、量子論に終生反対し続けた人でもあった。彼は、量子論が持つ難点を次々と指摘し、量子論の創始者のボーアと熾烈な論争を繰り広げた。

さて、アインシュタインが言うように、原子や光のふるまいを確率でしか予言できないということは、私たちが発見している物理法則が不充分であるためと考えるべきなのだろうか。それとも、微視的世界の物質が従う法則とは、本質的にそういうものと考えるべきなのだろうか。前者の立場で言えば、宇宙を創った神は完全で、われわれの理解が不完全ということになる。つまり、神はサイコロ遊びをしないという立場である。他方、後者の立場で言えば、神の完全性はいざ知らず、微視的世界の物理法則がそういうものなら、それをそのまま受け取って神はサイコロ遊びが好きだと考えればいいのである。実際、これから見ていくように、神は思いの外、賭事が好きなのだから。

ともあれ、量子論は大成功をおさめた。現在の私たちは、量子論が明らかにした法則の下で動くＩＴ機器に取り巻かれているし、原子より極微の素粒子世界にも量子論が貫徹していることがわかってきた。

神の一撃

量子論が発見されてまもなく、当時の物理学者を悩ませていた「宇宙の熱死」問題について、思いがけないところから救いの手が差しのべられた。一九二九年、アメリカの天文学者ハッブルが宇宙膨張を発見したのである。

宇宙がどのように創成されたかは、神話の重要な主題であった。世界中のほとんどの神話の冒頭で宇宙誕生物語が語られていることからもわかる。たとえば、日本神話ではイザナミとイザナギによる国産みから話が始まり、旧約聖書では神が六日間で世界を創ったことになっている。ところが、どういうわけか、いつしか、人々は始まりも終わりもない永遠の宇宙を考えるようになってしまった。時代が下がって世俗権力が確立するとともに、わが世の永遠を願うようになり、宇宙も永遠不変とみなすようになったためかもしれない。

ニュートンは、万有引力が支配する宇宙は無限でなければならない、と考えた。有限の宇宙では中心と周縁の区別があり、万有引力が働けば、すべての物質は中心に引きつけられるから、宇宙は有限の時間で潰れてしまうことになる。そこで、永遠に潰れない宇宙とするためには、無限でなければならないと推論したのだ。この推論自身は正しいが、必ずしも永遠の宇宙を考える必然性はなく、したがって有限時間で潰れる宇宙であってもよいはずなのだが、ニュートンはそんな短命の宇宙を露ほども考えなかったらしい。

また、アインシュタインは、自らの宇宙方程式を改変して万有引力に抗する斥力（せきりょく）を導入し、むりやり潰れない宇宙を提案した。彼も宇宙を永遠不変と考えていたので、膨張も収縮もしない静的な宇宙を自らの手で作り上げようとしたのだ。といっても、星から放出される廃熱が溜まっていくから、静的な宇宙はいずれ熱死してしまうことになる。アインシュタインは、永遠を願って静的な宇宙を考案したのだが、やがて熱死してしまうから彼の宇宙も永遠ではない。サイコロ遊びをしないまじめな神は、宇宙の永遠性を保証してくれないのだ。

このようなジレンマに悩んでいたおり、思いがけずも、ロサンゼルス郊外にあるウィルソン山に建設された口径一〇〇インチ（約二・五メートル）の大望遠鏡が宇宙熱死の問題を解決してくれることになった。遠方の銀河の速度を測っていたハッブルは、ほとんどの銀河がわれわれから遠ざかっていることに気がついた。さらに、それらの銀河の距離を測定すれば、遠ざかる速さが距離に比例している事実が浮かび上がってきた。これを「ハッブルの法則」と呼ぶが、宇宙が膨張している直接の証拠とされた。というのも、アインシュタインの改変前の宇宙方程式が、宇宙が膨張していれば銀河の遠ざかる速さが距離に比例することを予言していたからだ。アインシュタインは、膨張する（運動する）宇宙を嫌って、この解を詳しく調べなかったのである。

宇宙が膨張しているなら、宇宙は熱死から免(まぬが)れられる。というのも、膨張によって宇宙空間の体積が刻々と大きくなっていくから、廃熱を捨てられる場所も増えていき、宇宙の温度は上昇しないからだ。それどころか、宇宙の膨張が速いので、逆に宇宙は冷え続けることがわかった。宇宙は膨張を続ける限り、けっして熱死しないのである。宇宙は理想的な廃熱の処分場なのだ。こうして、宇宙の熱死は避けられることがわかったが、永久不変の宇宙は諦めねばならなくなった。そして、新たに宇宙の創成や進化という厄介な問題をしょい込むことになった。永久不変の宇宙ならば、いつも同じ姿だと取り澄ましておれたのだが、刻々と変化する宇宙ならば、当然その誕生の様子や現在までの進化が問題となるからだ。

宇宙が現在膨張しているなら、過去の宇宙は小さかったはずである。それを極端まで押し詰めれば、宇宙の始まり、つまり時間がゼロの状態を考えねばならない。そのとき、宇宙のサイズはゼロになってしまう。すると体積がゼロだから、物質の温度も密度も無限大になってしまう。ところが、無限大は人知の及ぶところではない。しかし、無限こそが神にふさわしいなら、このときこそが神の出番となる。宇宙の始まりの一撃を加える役だ。この一撃によって宇宙は膨張を開始し、今なお膨張を続けているとすればよい。いったん膨張し始めると、あとはアインシュタインの宇宙方程式がすべてを完全に決定してくれる。神は傍観するのみでよいのだ。その後の神は宇宙のことはすっかり忘れて、サイコロを転がして、見えない原子や電子の世界の行く末を占う役に徹しているのだ。とはいえ、神は、宇宙の始まりの無限大の圧力にいかにして耐えたのだろうか。

ある皮肉な人が、「最初の一撃を加える前、神は何をしていたの？」と尋ねたそうだ。「そんな嫌な質問をするやつのために地獄を創っていたのさ」、という答を予想されるかもしれない。それはあまりに人間くさい。もう少し高尚に言えば、次のいずれかと考えられる。

一つは、神は宇宙を創る前もサイコロ遊びをしていた、というホーキング博士のご託宣である。宇宙の始まりは、原子そのものよりサイズが小さかったから、宇宙自身も量子論的な状態にあったと考えられる。そのような状態では、宇宙の運命は確率論でしか論じられず、いつ宇宙開闢（かいびゃく）をおこなうかを、神はサイコロを振って占っていた、というものだ。そして、たまたま一三八億年前にサイコロの目がうまく合って、量子論的な状態から急膨張してこの宇宙が現実化したというわけである。とすれば、この宇宙は、神のサイコロ遊びの結果の偶然の景品なのかもしれない。

もう一つは、時間そのものが宇宙創成とともに始まったのだから、「宇宙誕生以前」という時は存在しえない、という考えかたである。時間がなければ、それ以前もそれ以後も定義できない。つまり、神も宇宙とともに誕生したことになる。しかし、それでは神の一撃すら与えることができないから、神は何の仕事もしなかったという寂しい結論になってしまう。それならいっそ、曖昧な神なんて考えなくてよい。この人間が宇宙誕生の秘密を握っているのだ、という不遜な考えかたを吹聴する者も登場した。それについては、第六章で述べる。

ともあれ、時々刻々と変化する宇宙像は、悪魔たる科学者の絶好の研究対象となった（かくなる私もそれに加担した）。それは、神に代わって、銀河を作り、地球を作り、人間を作る作業、と言えないでもない。旧約聖書の神は、六日間でこの宇宙のすべてを創らねばならなかったが、私たちはたっぷり一三八億年かけて宇宙を造ればいいのである。

量子世界の神と悪魔

二〇世紀前半に、極大の宇宙に関する膨張宇宙論（基礎は一般相対性理論）が出され、微視的世界に関して量子論が出された。それらは、今なお揺るぎなく物理学の骨格を成しており、現代の物理学者の重要な飯の種となっている。さらに、宇宙初期の物理状態にさかのぼることによって、この極大の宇宙と極小の物質世界の物理法則を結びつけようとしている。その意味では、物理学者たちは、誕生直後の宇宙がまだ微視的で量子論的なふるまいをしていた時代に、神がどんなサイコロ遊びをしていたかを調べている最中、と言えなくもない。以下、微視的世界の物理学における神と悪魔の変遷をまとめておこう。

先に述べたように、量子論は原子の世界の解明から始まった。原子は中心部に原子核を持ち、その周りを電子が広がった分布をしていて、原子核と電子は電気力（クーロン力）で結び合っている。この原子の構造、安定性、反応は、量子論によって過不足なく解かれている。その成果が二〇世紀後半に技術化され、コンピュータをはじめとする軽薄短小のマイクロ・エレクトロニクス産業が主流になった。情報化社会は、神のサイコロ遊びがもたらしたものなのである。今や原子一個までを操作することが可能となり、ミクロ世界のより詳細な技術へと展開している。さらに、「二一世紀はナノテクノロジーの時代」と喧伝されているように、ナノメートル（一〇億分の一メートル）の世界で原子を数十個組み合わせた道具を作ろう、というわけだ。サイコロ遊びは、実に多くの景品がつくのである。

原子の世界が解明されるや、研究の最前線は原子核に移った。原子核は、原子の大きさの一〇万分の一（一〇兆分の一センチ）でしかない。それほどまで物質をぎっしり閉じ込めるには、電気力とは別の力が必要である。それを発見したのが湯川秀樹で、その力は「核力」と呼ばれた。原子核内部だけで働くためである。核力は電気力より何万倍も強い（したがって、一般には「強い力」と呼ばれる）。この強い力の世界にも量子論が貫徹していることが明らかになったのは、第二次世界大戦前夜であった。

そこでなされたのが強い力の利用、つまり核（あるいは原子力）エネルギーの解放である。それはまず原子爆弾となり、そして水素爆弾・原子力発電となって地球にのさばってきた。このような人間の核エネルギーの操作は、何かキナ臭い恐怖を感じさせるが、それは蛇を見たときに感じるあの先天的な恐怖心に似ていると言えるかもしれない。というのも、私たちには、星の中の核反応や星の大爆発を経て、この地球上で生を授かっているという、「星の記憶」が刷り込まれているためだろう。

太陽が輝くのは、中心部で核反応が起こっているためである。水爆と同じで、軽い元素が融合してエネルギーを放出している。このような核反応によって炭素や酸素や窒素など、生命を成す基本元素が作られた。私たちの体を作る重い元素は、すべて星の中で合成されたのだ。重い星は、最後に大爆発を起こして一生を終える。この爆発によって、星内部で作られた元素が宇宙空間に吹き飛ばされた。同時に、ウランのような原爆や原発に使われる非常に重い元素も合成された。それらの過程が繰り返された後、そのような重い元素を多く含むガスから地球が生まれ、そして私たちが生まれた。つまり、元素のレベルで見れば、私たちは「星の子供」であり、星の大爆発を経験してきたのである。核エネルギーは、さまざまな生物の種を創り出した神の手になぞらえられるかもしれない。とすると、私たちには、私たちを構成する元素を通じて、核エネルギーの激しさの記憶が刻印されているというのも言い過ぎではないのではないか。

さらに、核エネルギーの莫大な破壊力は、地球の論理とはなじまないことを付け加えておきたい。地球上で起こっているすべての生命現象や人間の活動は、原子の世界の出来事である。電気力で原子がくっついたり離れたりする反応（化学反応）が、これら地上の営みの基本である。化学反応は三〇〇〇度以下で進み、私たちは化学反応を利用してさまざまな機械や道具を作っている。つまり、原子力の利用とは、化学反応による三〇〇〇度以下の技術で、それより一万倍も高温の三〇〇〇万度に相当する核反応を制御しようというものなのである。つまり、化学反応の一万倍ものエネルギーを持つ核反応は、生命活動とは本質的に矛盾するものということがわかるだろう。その意味で、地球における核エネルギーの利用は、悪魔の誘惑なのかもしれない。

コインの表と裏のように、核エネルギーは、生命の種（元素）を創る神の手にも、多数の生命を殺傷する（核兵器）悪魔の誘惑にもなる。コイン投げで、表か裏のいずれが出るかによって、人間の生と死にこれほどまでに大きな差をもたらすのだ。神のサイコロ遊びを人間世界のコイン投げにしてしまってはならない。量子論の世界は、コイン投げなんかより、コンピュータやナノテクノロジーのようなもっと多様で豊かなサイコロ遊びを案出することができる。そんなゲームこそ、神が本当に楽しみたいサイコロ遊びなのかもしれない。

第五章　神は賭博師

「ゲーム」と「賭博」

前章では、原子や電子のようなミクロ世界の物理法則は、ニュートン力学のように粒子の位置や速度が完全に決定できず、その確率しか計算できないこと、つまり神はサイコロを振って粒子の行く末を占っているらしいことを述べた。量子的世界では、古典力学で記述できるロケットやボールの運動のように、個々の粒子の位置や速度が完全に決定できないのである。とはいえ、それぞれの粒子がある位置に来る確率は厳密に決定できるから、その意味では決定論的な物理法則であるとも言える。ただ、古典力学とは異なり、確率という物理量を問題としている、と考えればよいのである。

たとえば、サイコロの丁半賭博や花札のおいちょかぶの数の出かたの場合、個々のケースでどの数が出るかわからないが、その数が出る確率は計算できる。いつも丁だけに賭けていたら、サイコロに仕掛けがない限り、確率二分の一で勝つはずである（むろん、だからといってお金を損しないというわけではない。お金の賭けかたという別の重要なノウハウがあって、これに習熟しない限り、当たり目に少ない金を賭け、外れ目に大金を賭けることになってしまうからだ)。一〇〇回サイコロを投げて、一〇〇回すべて半しか出ない確率はゼロではないが、まず起こりえないくらい小さい確率である。

このことが頭にあるから、「ギャンブラーの錯誤」が起こる。丁ばかり四回も続けて出れば、五回目は半になりそうだと錯覚する現象である。そんなとき、一般に賭博者は、次はきっと半だとばかり大金を賭けようとする。丁が何回続こうが、その次に丁が出る確率はやはり二分の一で、特に丁が出る確率が下がるわけではない。丁が五回続けて出る確率は小さいが、次が丁か半かは、各々二分の一の確率なのである。だから、今日はずっと丁ばかり張り続けようと心に決め、相手が大金を賭けてくれれば、こちらも大金で応じればよいのである。危険度は相手も自分も同じなのだから。しかし、つい、もう次は丁は出ないだろうと思ってしまって少ない金しか賭けず、せっかく丁が出ても大金を稼げないという結果になってしまうのだ。真のギャンブラーとは、冷徹に確率を計算しつつ、相手の心理状態に応じて賭け金を自在に操作できる人間のことなのである(だから、負けるとカッとなる私は、真のギャンブラーにはなれないのは確かである)。一般に、自分が勝つ確率も、相手が勝つ確率も同じなら(そうでなくては公正な賭けにはならない)、相手に合わせて賭け金を決めるのが賭博に勝つ秘訣らしい。このように、確率を計算する賭けは、賭博というより「ゲーム」と言うべきだろう。

これに対し、パチンコのように、確率が計算できず、まったくの偶然によって勝ち負けが決まる賭博がある。運を天に任せるしかないから、言葉の本来の意味で、これこそが「真の賭博」と言うべきだろう。パチンコの場合、玉に最初に与えた速度の大きさと方向、目に見えないくらい小さい玉の傷、玉が転がるときの回転の仕方、玉に塗られた油や粉のムラなどのちょっとした差によって、玉の転がる先はまったく異なったものとなってしまう。それらの条件を完全に同じにすることができないから、個々のケースで結果は必ず異なっており、その確率を理論的に計算することはできないのだ。まったくの偶然で運命が決まってしまう、「真の賭博」という所以(ゆえん)である。

では、「真の賭博」であるはずのパチンコなのに、なぜ人々は「ゲーム」感覚で楽しんでいるのだろうか。その理由は、パチンコの玉が動ける範囲を厳しく制限していて、完全にでたらめな結果にならないようにしているためと考えられる。釘や水車のような障害物があるものの、玉の通り道は数通りに決まっており、素人であっても玉が狙った穴に近づくかのように動くからだ。パチンコでは、玉を打つ指の微妙な動きが一番のキーポイントのようで（つまり、玉の初速度とその方向、および玉に与える回転の向きと大きさ）、それが勝敗のほとんどを決するようになっている。そのため、修練によって上達できるスポーツに似ているし（昔、パチンコで小遣い稼ぎをしていた友人がいた）、単なる幸運で勝つ場合もある（わが連れ合いは何の工夫もなく打っているのに、私より玉を長持ちさせる）。ともあれ、玉の軌道がそう大きくずれないから、いかにも確率が計算できるゲームのような気になるのだ。

パチンコ台を横にして、釘だけでなく凸凹を付けたりしたら、玉がどこへ行くかまったく予想がつかず、現在のような隆盛を迎えることはなかっただろう。ビリヤードがパチンコほど人気がないのは、場所を広くとっているため金が多くかかることもあるが、よほど上達しないと玉の動きが思い通りにならないこともあるに違いない。さらに、ビリヤード台を長方形から瓢簞（ひょうたん）形にしたりすれば、ハスラーが登場する幕はなくなってしまうだろう。もはや、玉がどう動くかまったく予測できず、運を天に任せるしかないからだ。

「カオス」あるいは「複雑系」

ところで、パチンコやルーレットやビリヤードの玉は、マクロな物体だから、ニュートン力学によってその運動が記述できるはずである。そして、ニュートン力学は、未来を完全に予知できる決定論であったはずだ。では、なぜニュートン力学で記述できる運動なのに、玉の未来の運動が予測できなくなるのだろうか。神は、ニュートン力学というありふれた情景の中であるにもかかわらず、賭博場を開帳しているのである。

実際には、日常のマクロな世界で、ニュートン力学を使いながらも、ほとんど未来（結果）が予測できない現象が数多くある。高い木から木の葉が散り落ちるとき、その一枚一枚がどこに落ちるか決定できない。地震が、どこで、いつ、どれくらいの強度で起こるか、誰にも予知できない。水の流れを速くしていったとき、発生する乱れた渦の運動はどうなるかわからない。水道の蛇口からの水滴の滴りかたや口から吐き出したタバコの煙の動きも、正確に再現することは困難である。タービンの振動や神経回路、化学反応などでも、結果が予測できない場合がある。三個の星が互いの重力で運動しているとき、それらの軌道を決定することができない。大雨の予想、台風の進路、竜巻（たつまき）の発生、一週間後の天気など、気象に関わるさまざまな現象は、生じた結果の理由はわかっても前もってどうなるか予測できない。このように列挙してみると、私たちの身のまわりには、未来（結果）予測ができない現象が意外に多いことがわかる。このような問題は、古くから知られていたのだが、その難しさのためにあまり研究されてこなかったのである。神は、賭博をせず、潔癖健全と信じ、そのような神の御姿のみを追い求めてきたため、と言えないでもない。

その典型が天気予報である。昔から、人々は明日の天気がどうなるかを知りたがった。作業予定を決めたり、移動ができるかどうか知ったりするために、明日の天気がどうなるかを予想しようとしたのだ。「朝焼けは雨、夕焼けは晴れ」とか、「お月様が暈（かさ）をかぶると雨」とか、「東風は雨降り、西風は雨上がり」というような、経験に基づく言い伝えが多くある。やがて、天気を決める要素は、空気の流れと水の「相転移」（温度が上がるにつれて、固体の氷↓液体の水↓気体の水蒸気と状態が変わること）が本質で、それに影響を与える日照や海流や気圧配置のデータ、山地・砂漠・海洋・氷河などの大域的な地球表面の構造など、多くの複雑な条件や相互作用を考慮しなければならないことがわかってきた。それらすべては、ニュートン力学で取り扱える範囲だから、確率が入り込む余地のない決定論の基本方程式で記述できるはずである。だから、性能のよいコンピュータさえ開発されれば、天気予報の的中率は格段に向上するだろうと期待されてきた。

しかし、天気予報の的中率は、まだ一〇〇パーセントにならず、よく見積っても八〇パーセントだろうか。高速で高容量のスーパーコンピュータを使って、データを修正しながら時間を区切って綿密な計算をおこなっても、これだけの的中率でしかないのだ（下駄を投げたって五〇パーセントの的中率になるというのに）。雨の予想も「降水確率」で表現しており、いつの間にやら確率論が入り込んでいる（この降水確率の意味を正確に言える人は少ないだろう。私も充分に納得していない）。

天気予報のような問題を「カオス」と呼んでいる。カオスはギリシャ語で「混沌」を意味し、「秩序」を意味する「コスモス」と対になっている言葉である。カオスが生じるのは、その系がさまざまな要素が多重に入り交じって構成されており、要素一つ一つの効果はわかっていても、それらが組み合わさって起こる物理過程が複雑過ぎて結果が予測できないからだ。一般に、このような系を「複雑系」と呼んでいる。[*1] 複雑系の特徴をまとめると、以下のようになる。

①原因と結果が比例（線形）関係ではなく、たとえ小さな原因であっても結果を大きく変

える「非線形」であること。二倍の力をかければ二倍の重さのもの、四倍の力をかければ四倍の重さのものが持ち上げられるのが比例関係だが、二倍の力をかければ四倍、四倍の力をかければ一六倍というような二乗の関係が非線形の一つの例である。それが五乗とか一〇乗になると、ほんのちょっとした差異であっても大きな違いが生じてしまうことになる。

②いわゆる「量から質への転化」が起こることで、多数の要素がコヒーレント（協同的）に働き、個々の要素の和だけからは得られない新しい質が生じる。そのため、従来のように一つの結果に対して一つの要素だけに原因を求めることができず、多数の要素の集団的な運動を調べねばならない。逆に、一つの原因が同じ一つの結果になるとは限らず、条件次第で異なった結果をもたらすことにもなる。

③多成分系であるため、さまざまな相互作用のチャンネル（ルート）ができること。それらの相互作用が、ある現象に対してプラスに働く場合もマイナスに働く場合もあって、総合的に考えなければ全体的な効果がわからない。ときには、山びこのように時間が遅れて相互作用の効果が現れたり、異なったルートの作用が干渉し合って強め合ったり弱め合ったりすることもある。

④系を構成している部分のどこかで、偶然による変化や小さな「ゆらぎ」が生じ、それが不安定性によって大きく成長したりすること。何も起こらなければ安定な状態であって

も、外部から偶然の摂動が加えられたり、内部のゆらぎが励起されたりして系が不安定になり、そのため大きく状態が変化してしまう。偶然の摇動やゆらぎはあらかじめわかっていることではないから、それらが引き起こす現象は前もって予測することができないし、制御もできない。

要するに、ひと筋縄では捉えきれないのが「複雑系」なのである。地球環境問題や生態系は複雑系の典型的なもので、さまざまな側面から調べなければ問題の本質を明らかにできないのだ。

複雑系を特徴づける一つの言葉が「バタフライ（蝶々）効果」で、右の④に関係している。蝶がひと舞いすると、たとえ小さいとはいえ空気の流れが生じるから、偶然のゆらぎが空気に与えられることになる。通常なら、そのゆらぎは空気の粘性のためになんの痕跡も残さず消えてしまう。しかし、ある種の条件が満たされているとき、このゆらぎによる空気の小さな流れによって周辺に風が引き起こされることもある。さらに、この風が周囲の日照条件や気圧配置によって、いっそう強い風に発達するかもしれない。ときには、その風自体が原因となって気圧配置を変化させ、突風が吹きまくるようになることもある。この突風が摩天楼を吹き倒すようなハリケーンに成長することも否定できない、というわけだ。これはけっしてホラ話ではない。非線形作用は、条件さえ整えば、蝶のひと舞いがハリケーンにまで発達しうる物理過程を現実に引き起こしうるのである。複雑系と呼ぶ所以である。
「風が吹けば桶屋が儲かる」式の話に似ているが、もっと複雑な関係を考えるのが複雑系である。風が吹いて家が倒れたら材木屋が儲かり、それで材木屋が茶屋遊びをするから三味線の需要が増え、三味線の皮に使われてネコが減るからネズミが増え、増えたネズミが桶をかじるから桶屋が儲かるという連鎖は、いわば直線的な相互関係でしかない。

これらの関係を複雑系として考えるならば、次のような効果も考慮しなければならないだろう。まず、風が吹いて家が倒れると家ネズミにも被害が及ぶだろうし、桶も壊れるだろうから桶屋は初めから儲かるはずである。最近では三味線にネコの皮を使わなくなったし、ネコはネズミを捕ろうとしなくなっている。それどころか、ネズミは栄養にならない桶をかじらず、もっぱら残飯漁りで太っている有様である。そんなふうに、個々の要素の時間的変遷や相互関係の変化も含めれば、この連鎖話はまったく違ったものになってしまう。

バタフライ（蝶々）効果に話を戻せば、全世界では、何兆という蝶が舞っている。いや、蝶だけではなくトンボも鳥も飛行機も空を飛んでいるし、あなたのクシャミやら寝言、テレビやラジオの音や携帯電話の声、電車やトラックの騒音など、みんな空気の流れを変えている。気象現象は空気の流れで引き起こされるのだから、これらすべてを考慮しなければ、天気が正しく予報できないことになってしまう。むろん、それは不可能だし、不必要でもある。蝶の舞いも、あなたのクシャミも、その他ほとんどすべてが突風に発達するわけではなく、その場で消えてしまうからだ。しかし、そのどれかが偶然に周辺の条件に合致し、非線形作用によって巨大な変身を遂げるかもしれない。ごく局所的に生じる突風や大雨は、ごく小さな「ゆらぎ」が発端になって生じた可能性を否定できない。ごく小さな局所的な天気の変動は、偶然やゆらぎに支配されているのである。と考えると、局所的な天気予報の的中が困難であることがわかるだろう。そもそも、天気予報は一〇〇パーセント当たらないのが当然なのである。

このように、まったく予測できない偶然やゆらぎが現実世界を支配していることが徐々に明らかになってきた。神は、偶然のルーレット遊びにのめり込んだ真の賭博師なのかもしれない。

カオスは混沌ならず

前節に列挙したように、カオスの身近な例は多くある。もともと、一〇〇年以上前に、フランスのポアンカレが万有引力で引き合う三個の天体の運動を調べた際、三個がある特別な配置をとっている場合を除けば、軌道がめちゃくちゃになって決定できないことからカオスが発見された。その意味で、カオス現象そのものについては昔から知られていたのだが、それをどう取り扱ってよいかわからず、手つかずのまま残されていたのだ。コンピュータが使えるようになった一九六〇年代からカオスの研究が復活し、さまざまな性質が明らかにされてきたのである（コンピュータの発達によって、カオスだけでなく、「ソリトン」と呼ばれる粒子のようなふるまいをする非線形波動や、「散逸構造」と呼ばれる拡散を伴ったパターン形成など、非線形物理学が急速に進展するようになった。新し物好きの私は、これらの現象が宇宙でどう展開しているかを調べたのだが、結局成功しなかったという苦い思い出がある。研究する人間も複雑系なのだ）。

ニュートン力学で記述される運動は、初期の位置と速度――これを初期条件という――を与えれば、後の運動は完全に決定できる。しかし、非線形項が含まれていてカオスとなるような場合は、きわだった特徴を持っている。初期条件がほんの少し違うだけで、後に続く運動がまったく異なってしまうということである。このことは私たちにはパチンコ玉の行方がわからないことでよく経験している。私たちは、初期の位置や速度を一〇〇パーセントの精度で指定することができず、そこには必ず誤差が含まれる。どんなに優れた計器を使っても、測定誤差はつきものである。あるいは、蝶の舞いのようなごく小さなゆらぎを受けて、設定した条件からほんの少しずれることもあるだろう。運動の途中に偶然の作用で少しだけ軌道に摂動がかかることもある。それらによって生じた差が原因となって、後の運動が大きくずれて予測できなくなってしまうのだ。それがカオスである。

カオスとは混沌のことだから、科学では理解できない無秩序そのもの、と長い間考えられてきた。科学とは美しい秩序を発見し法則化して理解する営みだから、カオスは科学の対象ではないとみなされてきたのだ。しかし、カオスに正面から取り組んでみると、意外にもカオスはまったく秩序がない状態ではない、ということがわかってきた。個々の粒子の運動の位置や速度は予測できず、コンピュータで刻々と追跡しなければならないという意味では、確かに秩序を読み取ることができない（コンピュータも必ず誤差を含んだ計算をしているから、それで求めた軌道が正しいという保証もない）。そのため、多数（最低は三個）の粒子が存在する系の運動を、完全に決定することができなくなってしまうのだ。

ところが、旧来のように個々の運動経路を刻々と追いかけるのではなく、運動の様相を全体的に把握できる新しい概念を持ち込んで解析すれば、きれいな秩序を見出すことができるのである。各粒子の軌道（運動の軌跡）は、初期条件のちょっとした差違やゆらぎによって、まったく違ったものになってしまう。しかし、辛抱強く軌道を追っていくうちに、奇妙な誘引体（ストレンジ・アトラクター）と呼ばれる場に必ず立ち寄る、という規則性が発見されたのだ。ちょうど、めいめい勝手に動きまわっている旅人が、夜になると旅館街に戻ってくるようなものである。あるいは、全国を放浪していた六部（巡礼僧）が、恋しくなって故郷に戻るように（「ふるさとへ廻(めぐ)る六部は気の弱り」）。あまりに人間くさい喩(たと)えかもしれないが、アトラクターという言葉には、そんな連想を誘う雰囲気がある。

そこで、このストレンジ・アトラクターの構造をクローズアップしてみると、そこに近づいてきた粒子の軌道のパターンがよく似ていることがわかってきた。軌道のパターンの全体

マトリョーシカ人形（iStock.com/demidoffaleks）

構造を粗視的に大局的に見ても、微視的に細かな部分構造を見ても、そっくり同じ姿になっているのだ。これを「自己相似性」というが、その代表例がロシアのマトリョーシカ人形で、大きなマトリョーシカも、その中に入っている小さなマトリョーシカも、さらにその中に入っているもっと小さいマトリョーシカも、みんな同じ姿をしている。そのため、小さいマトリョーシカの写真を撮って引き伸ばせば、大きなマトリョーシカと区別がつかないだろう。ストレンジ・アトラクターには、このような相似構造が埋め込まれているのである。その他にも、ストレンジ・アトラクターについての規則性や、無秩序に見える軌道が変化していく様子にも、ある種の法則があることがわかってきた。新しい眼で見れば、無秩序の中に秩序が読み取れるのだ。カオスは混沌ならずであり、今や、その秩序の意味を読み解こうとするのがカオス研究の急所になっている。*2

　このカオスの規則性は、賭博に明け暮れているかに見える神が発している、なんらかの合図なのだろうか。混沌を切り捨てるな、そこにこそ美しい秩序が隠れていることに気づくべし、と。ギャンブラーは、勝ち負けの混沌の中に漂う美的とも言える法悦感に浸りたいばかりに、賭博を止められないのだ、と聞いたことがあるのだが……。

ところで、ストレンジ・アトラクターのことをどこかで話したとき、聴衆のお一人から「ストレンジ・アトラクターとは悟りみたいなものですね」と言われたことがある。あれやこれやの煩悩の海を、あちらこちらへと漂いながら、知らず知らずのうちに悟りの領域に何度か接近しつつも、なかなか掴み取ることができず、ある日突然「そうだ！」と覚醒する過程に似ている、というわけである。名前はサトルではあっても、悟りとは縁遠い私だから、この説明をよく理解できなかったが、ひょっとすればストレンジ・アトラクターの的確な説明なのかもしれないと思うようになっている。閑話休題。

フラクタルな神

賭博に似て未来は混沌で予測できず、ただ運を天に任せるしかないと考えられていたカオスには、ストレンジ・アトラクターという秩序が隠れていた。といっても、それで賭博に勝てるわけではない。個々の勝負の結果は依然としてわからず、勝ったり負けたりの積み重ねの結果が、ストレンジ・アトラクターという形での法則性として表現できるに過ぎないからだ。賭博師たる神は、勝負の流れに翻弄されつつ、近づいては遠ざかるストレンジ・アトラクターに安住の地を求めているのかもしれない。とすると、先に述べたストレンジ・アトラクターの自己相似性という特徴のために、賭博師たる神が果たして唯一であるかどうかについて疑いを抱かせることになってしまった。

自然界の法則は、大きく二つのカテゴリーに分けることができる。

一つは、サイズや密度やエネルギーなどの物理量が、ある特徴的な数値をとるような法則である。たとえば、成人の背の高さはほぼ一メートルから二メートルの間であり、地球上の物質の密度はほとんど単位立方センチメートル（サイコロの大きさ）あたり一グラムから一〇グラム程度であり、木材や石油やダイナマイトが発するエネルギーは、温度に換算すると摂氏一〇〇度から一〇〇〇度あたりである。いわば「魔法の数」が存在する物理法則で、魔法の数の起源は、物質の構造や物質間の相互作用に由来している。魔法を使って自然の構造を創ったのは神であり、それが一つしかないことは神が唯一であることを意味する。これまで主として研究されてきたのは、魔法の数が存在するような物理法則であり、その由来を明らかにすることは、とりもなおさず唯一神の存在証明に他ならなかった。この神は、決定論的な世界を創造し、あるいは確率論的な世界を支配してサイコロ遊びをする神であるが、未来が何も予測できない賭博とは縁のない生真面目な神である。なにしろ、すべての法則を決まった数値や確率で創り上げているのだから。

ところが、もう一つのタイプの物理法則もある。物質のサイズや密度やエネルギーなどの物理量が広い範囲の数値をとる法則である。たとえば、粉塵から、砂粒、小石、岩石、小山、エベレスト山（チョモランマ）へと続く石でできている物質の系列は、サイズで一〇桁の範囲にわたってさまざまな形で存在する。星の仲間でも一立方センチメートルあたりで密度が、中性子星＝一〇億トン、白色矮星＝一〇〇キログラム、太陽のような星＝一グラムが存在し、サイコロ一個分の重さの範囲は一五桁にわたっている。地震の強さはマグニチュードで表わされるが、それは地面の揺れの運動エネルギー（の対数）と関係し、体に感じない微震から建物が崩壊する強震まで一〇桁以上もの差がある。これら物理量の幅広い値をとる物理現象には魔法の数が存在しないから解くのが難しく、ついつい後まわしにされて研究が遅れた分野である。

しかし、おもしろいことがわかってきた。幅広い範囲の数値をとるような現象は、自己相似性で特徴づけられることだ。つまり、大きな数値をとる現象も、小さな数値で表わされる現象も、その構造や運動形態が似ているのである。端的に言えば、砂粒を写真に撮って引き伸ばせば、巨大な岩石と区別がつかないのだ。カオスに現れるストレンジ・アトラクターも同じ性質を示していることは先に述べた。つまり、賭博を好む神が主役を演じる世界では、自己相似性がつきものなのである。

他にも、たとえば、木の枝が、太い幹から大きな枝へ、そして大きな枝から小枝へ、小枝がさらに小さな枝へと、次々と分岐していくパターンも自己相似的であり、血管や川や稲妻なども同じような分岐構造となっている。これらの各々は、細部を注意深く見ても、全体を粗視的に見ても、似たパターンになっているからだ。マトリョーシカ人形のような、大きいものに同じ姿の小さいものが入っており、そこにさらに小さい同じ姿のものが入っている……というふうに大から小へ同じ形で作られている細工物として、重箱、杯、植木鉢などがある。これらは、通常、「入れ子細工」と呼ばれているが、自己相似構造の典型と言える。

大々的に宇宙を思い描くと、月は地球の周りをまわっており、地球や他の惑星は太陽の周りをまわっており、太陽は惑星とともに銀河系中心の周りをまわっており、銀河系は隣りのアンドロメダ銀河の周りをまわっており、アンドロメダ銀河は銀河系とともに乙女座銀河団の周りをまわっている……というふうにサイズが一五桁にわたって入れ子構造を成しており、回転という共通した運動をおこなっている。宇宙は壮大な入れ子細工なのである。

このような入れ子構造の自己相似性という性質は、そのサイズとある物理量との間の関係が簡単なベキ関数[注1]で表現されることでわかる。

注1　一般に、ある物理量NをXの関数として表わすとき、X^nのような累乗で表わせる場合を、ベキ関数という。たとえば、一三八頁に述べた砂粒からエベレスト山に至る岩石の系列を考えてみよう。岩石のサイズをXとし、そのサイズの岩石の数をN(X)としたとき、N(X)～X^nのような関数形で表わされる（この場合、nはマイナスである）。砂粒は多数あり、サイズがヒマラヤ級の山の数は少ないが、それらの数分布は一つの関数で表わされるのである。

血管（木の枝や稲妻も）の長さXと太さN(X)の関係、血管の長さXとその長さの血管の数N(X)の関係、マトリョーシカ人形の背の高さXとその重さN(X)の関係など、それぞれベキnは異なるが、N(X)はXのベキ関数X^nとして表わされることがわかっている。

もし、ある物理量がサイズ（大きさ）のベキ関数で表わされるとき、その現象には特徴的なサイズがないこと、つまり、どのサイズも区別なく同じように振る舞う（自己相似性）と結論できるのだ。ガラスをこっぱみじんに壊したとき、ガラスの破片のサイズXとその破片の数N(X)の関係はベキ関数で表わされるから、これも自己相似現象である。実際、小さい破片の写真を四辺等倍で拡大すれば大きい破片と区別がつかないのである（最近の自動車のガラスは、安全上の理由により、同じようなサイズの砕片に壊れるようになっているようだが）。

さらに、サイズの代わりにエネルギーや密度など別の尺度（X）を持ち込み、その尺度（X）のベキ関数として物理量F(X)が表現できる場合〔$F(X) \sim X^n$〕へと一般化することができる（数式で表わすことのよさをここに見ることができる。まったく異なった現象でも、同じ数式で表現できるなら同じ性質を持つことがわかるからだ）。

たとえば、あるマグニチュードの地震が起こる頻度は、マグニチュードのベキ関数で表わされることが知られており、その法則の発見者にちなんで「グーテンベルク－リヒターの関係」と呼ばれている。この関係は、弱い地震は頻繁に起こり、強い地震は滅多に起こらない、ということを意味するだけではない。地震の起こりかたは自己相似的であること、つまり、強さの違いこそあれ、揺れのパターンは同じであり、地震は本質的に同じ原因で生じていることを意味しているのだ。ガラスの破壊が自己相似的であったように、地下深くで起こる岩石の破壊現象も自己相似的なのだ。さらには、物理学だけでなく、株価の変動や企業の成長といった経済現象にまで、このような考えかたを適用することができることは第七章で述べる。

このように、ある現象が自己相似的でベキ関数で表現できる場合を、「フラクタル」と呼ぶ。ベキ関数に現れるベキの値（n）が非整数となる場合までも含めようという狙いで、「いびつな」という意味を込めた新造語である。カオスに現れるストレンジ・アトラクターが自己相似のフラクタルで特徴づけられるなら、フラクタル（いびつな）挙動は、まさに賭博にのめり込む神にふさわしいと言えるだろう。

フラクタル的な現象は、右の例からわかるように、日常の至るところに見られるから、ずっと昔から気づかれていた。ところが、金太郎飴と同じで、どこを切っても同じ顔しか出てこないから、解析方法がわからなかったのだ。数学者のマンデルブローが非整数次元の幾何学を一九七八年に発表して、ようやく手がつけられるようになった。といっても、自己相似性を持つ形やパターンの整理には有効なのだが、なぜそのようなパターンになるのか、ベキ関数のベキの値は何によって決まっているのか、というような本質的なところはまだ今のところよくわかっていない。カオスや複雑系を結びつける重要な要素まで、今後いっそう研究されるべき分野なのである。

かつて、形の研究は寺田寅彦が興味を持ち（ガラスを何百枚も壊して砕片の数分布を数えたとエッセイに書いている）、その弟子の平田森三（もりぞう）が専門としてさまざまに考察した（たとえば、キリンのまだら紋様と田んぼのひび割れた形の類似性に着目した）のだが、肝心の形を定量的に表現する方法が見つからなかったので、そのまま立ち消えになってしまった。フラクタル幾何学が提唱され、また空間分割や対称性の研究などが進んで、形の研究はようやく物理学の範疇に入ってきたのである。

フラクタル世界を最初に絵画として表現したのは、平安時代の密教の僧侶たちであった。曼陀羅（まんだら）図である。金剛界曼陀羅の成身会（じょうしんね）の図では、真ん中に大日如来が座り、その周辺に四体の如来を配している。興味深いのは、これら五体の如来を取り囲むように、同じ幾何学パターンで四方に四親近菩薩が配されていることである。つまり、仏の配置が入れ子になっているのだ（さらに、各菩薩の周りに神仏を同じ幾何学パターンで配するように描いていく手法もある）。曼陀羅世界が仏や菩薩や神々のヒエラルキーとなっていることを表わしているのだろうと思うが、「一切皆仏」の精神を自己相似な図柄で表現していると解釈できなくもない。

同じように、座った大仏の裳裾（もすそ）に小さな仏が多数座った図が描かれ、その小さな仏の裳裾

「伝真言院曼陀羅」胎蔵界

にもっと小さい仏が座っている図もあり、やはり入れ子構造となった仏画がある。宇宙は次々と同じ形の小宇宙に分割され、その各々に違った顔の仏がおわすのだ。言い換えれば、八百万（やおよろず）の神々が、大から小までのあまねく世界に鎮座ましましているような思想がここにある。この世をフラクタル世界とみなすなら、神は唯一ではなく無限に存在する、と考えてよいだろう。

あるいは、自己相似な入れ子の姿は、アリスの鏡の部屋を思い浮かべてもよい。この場合、鏡に映った鏡が次々と無限に続くことになり、そこに映る顔はすべて同じである。ならば、唯一神がどこにもおわすことになる。

無限に神が存在するのか、唯一神がどこにも存在するのか、いずれであれ、カオスという賭博に入れ込んだ神が絶えず出入りする場所は、ストレンジ・アトラクターというフラクタル世界であり、神はそこで無限の相似な神々へと分岐しているというイメージになる。フラクタル世界は神の遍在を示唆していると解釈できそうだが、それが西洋的な唯一神なのか、東洋的な八百万の神なのかは、あなたのお好み次第である。それを古典的に決定することも、量子論的に確率を計算することもできない。ただ運を天に任せるカオス賭博に神自身が身を委ねているのだから。

第六章　神は退場を！――人間原理の宇宙論

宇宙は無数に存在する？

　前章では、曼陀羅図を、宇宙が次々と同じ形の小宇宙に分岐し、その各々に仏がおわすさまと解釈したが、その逆の解釈も可能である。つまり、われわれが住むこの宇宙は入れ子的に無限に分割された小宇宙の一つであって、われわれの宇宙を含み込んだ親宇宙があり、さらにそれらの親宇宙を含み込んだ大宇宙があり、さらに大宇宙を含み込んだ大大宇宙があり……というふうに、宇宙そのものがより大なる方向に無限に続くフラクタル構造になっている、と考えるのだ。われわれの宇宙が入れ子構造のどの段階にあるのかわからないけれど、少なくともわれわれの宇宙だけしか存在しないと考える理由は何もない。

　とはいえ、実際に可能かどうかは別にして、あくまで物理原理に矛盾せずに認識しうる範囲が「われわれの宇宙」なのだから、われわれの認識はこの宇宙から出ることができず、この夢想を実証することはできない。しかし、実証しうる最大の時空を超えて、無数の宇宙が存在するかどうかの可能性だけなら考えることはできる。単に形而上学的空想と言うなかれ。物理原理に矛盾しない限り、たとえそれがいかに夢想的であっても、極限までとことん考えるのが「原理主義者」の常であり、物理学者はすべて原理主義者なのである。

　宇宙が無限個存在するかどうかについての物理学原理主義者の議論の仕方は、至極単純である。われわれの宇宙の誕生に神の助けを要しないことを証明するのだ。言い換えると、われわれの宇宙がきわめて自然な物理過程で創成されることを証明するだけでよい。この宇宙の誕生が普通の物理過程なら、どこで起こっても、いつ起こっても、何度起こってもよいから、宇宙は無限個生まれうると結論できるだろう。いわば、コウノトリが赤ん坊を連れてきてくれると信じるなら、コウノトリという神に祈らねば赤ん坊を連れてきてくれないが、通常の男と女がすることをすれば赤ん坊が生まれるとわかれば、赤ん坊は無数に生まれ得ることが証明できるのと同じである。

　では、物理学原理主義者は、宇宙の誕生をどのように考えているのだろうか。宇宙の始まりは温度も密度も無限大であると第四章で述べたが、実はこの表現は正確ではない。アインシュタインの宇宙方程式を、そのまま時間ゼロにまで適用すればそうなるが、実際にはそれはできないからだ。超微視的な状態である宇宙誕生時には重力への量子論的な効果を考慮しなければならないが、アインシュタイン方程式では重力を古典論のままとしており、そのままの形では時間がゼロにまで適用できないのだ。アインシュタイン方程式が正しいのは、一秒の、一兆分の一の一兆分の一の一兆分の一の一億分の一という時刻（つまり、〇・〇〇〇〇〇〇〇〇〇〇〇〇〇〇〇〇〇〇〇〇〇〇〇〇〇〇〇〇〇〇〇〇〇〇〇〇一秒）以後でしかないのである。この時刻は、通常「プランク時間」と呼ばれている。宇宙そのものが量子論的な状態であったと考えられるため、量子の発見者であるプランクの名が付けられているのだ。プランク時間は、ゼロ秒に限りなく近いが、けっしてゼロではない。では、正確なゼロ秒からプランク時間までの短い時間の宇宙をどう扱えばよいのだろうか。現在のところ、この期間の宇宙の状態を処方する方法は見つかっていないから、誰も答えられない。しかし、考えるヒントはある。ロシアのビレンキンが発案し、ホーキングがいかにも本当らしいモデルへと修正を施したアイデアである。

「無」とは何か？

エッセンスは、物質もエネルギーも、時間も空間も存在しない、「無」の状態を考えようというものだ。なんだか禅問答のようだが（実際、禅問答のようなものでもあるのだが）、もし宇宙が誕生する前に「何か」があって、それが宇宙の母胎となったなら、その「何か」の起源を問題にしなければならないから、「何か」が存在する以前にさかのぼることになる。その「何か」がまた「別の何か」によって作られたなら、その「別の何か」の起源を考えねばならない。これでは、ニワトリが先か、タマゴが先かの問答と同じになって、いくら繰り返しても終わりがない。つまり、まず「何か」がありきと考えてはならず、全く何もない状態から出発しなければならないのだ。また、そもそも時間や空間がどのように生まれたかが宇宙創成の根幹なのだから、時間や空間はなかったと考えなければならない（宇宙の「宇」は空間を、宇宙の「宙」は時間を意味することを思い出そう）。

では、時間も空間も物質もない状態、つまり「無」って何だろう。何もなしの状態から、「何か」を作り出すことができるのだろうか。それも、神の助けを得ないで。

それを考えるヒント（トリックと言うべきかもしれない）は、私たちが知っている（使っている）かたちでの時間や空間や物質は存在しない状態を「無」とすることである。私たちが通常取り扱う状態としては、それらは存在しないのだが、異なった状態として存在していてもよしとするのだ。

最も身近な例として「物質」を考えてみよう。私たちが感知している物質とは、プラスのエネルギー（あるいは、プラスの質量）を持っている物のことである。だから、マイナスのエネルギー（質量）を持つ物が存在したとしても、私たちはそれを感知することができず、物質があるとは言わない。そのような物が存在していたとしても、私たちは、そこには物質はないと言うしかないのだ。物質のない状態を「真空」と呼ぶが、では真空は本当に何もないのだろうか。

真空に電場をかけ徐々に強くしていくとしよう。すると、電場がある値を超えると突然、電子と陽電子（電子の反物質）が対（つい）になって生成される。生成された対の粒子のいずれも、プラスのエネルギー（質量）を持っており、私たちはそれを物質として認識できる。何もないはずの真空から物質を取り出すことができるのだ。つまり、真空はけっして「無」ではないのである。

このカラクリを解くために、まずはじめの真空には、マイナスのエネルギーの電子が海のように多数詰まっていると考えることにしよう。マイナスのエネルギーの電子だから、私たちには感知できず、私たちにとっては「無」、つまり何もないのである。そこに電場をかけると、電場が、マイナスのエネルギーの電子に仕事をして、プラスのエネルギーにまで加速させる。私たちが感知しうるプラスのエネルギーの電子が姿を現すのだ。

同時に、マイナスのエネルギー状態の電子が一個抜けたのだから、そこに穴ボコができることになる。この穴ボコは、マイナスのエネルギー状態に生じた穴ボコ（マイナスのマイナス）だから、マイナス掛けるマイナスとなってプラスのエネルギーの粒子とみなすことができる。ただし、電子が抜けた穴ボコだから、電子と反対の性質を持つ粒子、つまり電子の反物質である陽電子である。このように考えると、何もないはずの真空から電子（物質）と陽電子（反物質）が生成される謎が解ける。

いわば、空のサイフから現金を取り出すようなものだが、それに似たことは駅前で観察できる。消費者金融の現金自動支払機である。カードを差し込んでしかるべき数値を打ち込むと現金が出てくる。現金（電子）が入っていない財布（真空）であっても、カード（電場）を使えば現金（電子）を取り出せるからだ。このとき、併せて借用書も出てくるが、それは陽電子（反物質）に対応している。借用書も借りた金額に相当する価値（プラスのエネルギー）を持つが、それは取り出した現金の穴ボコ（借金）であるからだ。蛇足ながら、カード（電場）が働くためには、常に外部からエネルギーを補給しなければならないことも付け加えておこう。電場がマイナスのエネルギーの電子を加速してプラスのエネルギーに変えているのと同様、消費者金融の現金自動支払機が動いてくれるためには日ごろまじめに働いて返済しておかねばならないからだ。日ごろのおこないが、カードの電場を保証するのである。いささか卑俗すぎる喩えだが、真空はけっして「無」ではなく豊かであり、外部からエネルギーを加えると物質（と反物質）を生み出してくれることがおわかりになるだろう。

時間や空間についても同様である。たとえば、私たちが通常時間や空間を記述する数は「実数」だが、数学の世界では「虚数」という数字もある。実数にはプラスもマイナスもあるが、二乗すれば必ずプラスになる数である。時間や空間を記述するときや、絶対的な長さを測る場合はプラスの数値を使い、ある基準点から測る場合はプラスであったりマイナスであったりするが（何分前とか、何軒手前という表現は、基準点からのマイナス表示である）、いずれも実数を使っている。

これに対し、自分の数を二乗すればマイナスになるのが虚数で、もともとの数はプラスでもマイナスでもない。ヌエみたいなものである（ヌエの頭はサル、胴はタヌキ、尾はヘビ、手足はトラ、声はトラツグミだから、虚数よりもっと複雑な存在だが）。私たちは、実数の時空に生きているから、虚数で表わされる時間や空間になっている状態は感知できない。やはり、あっても「無」なのである。

さらに、三次元以外の空間があったとしても、あまりに小さすぎるので通常は閉じていて、私たちには感知できないということも考えうる。たとえば、素焼きの植木鉢は、私たちには穴が見えず閉じているように見えるが、水を入れるとゆっくりと沁み出てくる。バクテリアは出てこられないが、ウイルスは水に乗って通り抜けることができる。素焼きの陶器は、バクテリア以上の大きさの生物にとっては巨大な二次元の壁だが、ウイルスから見ればボコボコに穴が空いていて三次元空間になっている。これと同様、私たちが住むこの三次元空間にも同じような異次元の穴が空いているのだが、いかなる物でも通り抜けられないくらい小さいため、無いのと同じ、という可能性がある。実際には空間は一〇次元なのだが、そのうちの七次元は小さすぎて実質的に閉じているため、この世界は三次元に見えているという説もある。やはり、あっても「無」なのである。

このように考えてみると、私たちにとっては「無」であっても、その「無」は豊かな中身を持っていると言えそうである。むろん、それらは物理学原理主義者の屁理屈かもしれないが、「無」であるがゆえに、誰もそれを否定できない。一般に、「無いこと」は証明が難しいのである。たとえば、犯罪容疑者のアリバイは「現場不在証明」のことだが、実際は同じ時刻に他の場所にいたことの証明なのである。犯罪現場にいなかったことを証明することは不可能なのだ。

はじめに「無」ありき

このように考えると、「無」とは意外に豊かなのである。では、宇宙はどのようにして「無」から誕生したのだろうか。その誕生劇のシナリオを描いてみよう。

アインシュタイン方程式で記述できる宇宙は「プランク時間」以後である。この時間は実数で記述できる最初の時刻であり、それ以降現在まで止まることなく時を刻み続けてきた。それ以前にはアインシュタイン方程式は適用できず、重力も量子論的に扱わねばならない。そのような状態を記述する理論はまだ確立していないが、ホーキングは、「虚数」時間が流れる「無」の世界を提案した。この虚数の時間は、私たちが使う実数の時間とは質が異なっているから、「それ以前」という言いかたは正しくない。「以前」とか「以後」といった表現が正しいのは、ある基準時刻の前後で共通した時間が流れている場合であって、質的に異なった時間であれば前後の区別ができないからだ――しかし、表現のしようがないので、以下ではとりあえず「プランク時間以前（?）」と述べることにする――。とすると、この宇宙は、時間がゼロで始まったのではなく、有限の（ゼロではない）プランク時間から開始したと考えざるをえない。現在から過去にさかのぼっていったとき、時間の次元はプランク時間で突然消失してしまう（行き止まりになる）のだ。

空間はどうなのだろうか。プランク時間での宇宙の大きさは、一センチの一兆分の一の一兆分の一の一〇億分の一（〇・〇〇〇〇〇〇〇〇〇〇〇〇〇〇〇〇〇〇〇〇〇〇〇〇〇〇〇〇〇〇〇一センチ）である。これを「プランクの長さ」と呼ぶ。以後、宇宙は現在の大きさの一三八億光年の大きさ（一二四二〇〇〇〇〇〇〇〇〇〇〇〇〇〇〇〇〇〇〇〇〇〇〇〇センチ）にまで膨張してきた。サイズがほぼ六〇桁大きくなったのだが、その間、同じ実数の長さで測れる空間である。しかし、プランク時間以前（？）の虚数時間の時代の空間は、同じ実数で記述できる空間として定まっておらず「無」の空間なのである。宇宙の量子論的時代では不確定性原理に支配され、サイズが定まらないためだ。つまり、現在と同じ物差しで測れる宇宙は、プランクの長さの状態で突然誕生したことになる。

では、物質世界はどうであっただろうか。先に述べたように、物質も最初は「無」なのだが、それはプラスのエネルギーの物質が存在しない真空であって、マイナスのエネルギーの物質は隠れている真空であると考えられる。つまり、そのような状態からの宇宙の誕生とは、真空からプラスのエネルギーの物質（と反物質）が引き出されて「有」の状態が実現されること、と言えるだろう。とはいえ、真空に電場をかける（消費者金融の自動現金支払機に有効なカードを使う）というわけにはいかない。それでは、外部世界から神を招くのと同じである。神に頼らずにマイナスのエネルギーに隠れている物質を引き出す方法を考えねばならない。

そこで、プランク時間以前（？）だから、現在と同じ真空とは限らないとしよう。むしろ、極限的な時空状態にあるから、その真空も大いに異なっていたと考えても構わないはずだ。そこで、「エネルギーが底上げされた真空」を想定しよう。エネルギーが底上げされたとは、エネルギーのゼロ点が現在の真空よりもっと高かった、という意味である。わかりやすく、海面を真空のエネルギーのゼロ点に喩えてみよう。私たちは海面より上に出た土地を島とか大陸と呼ぶが、これをエネルギーがプラスの物質が存在している状態とする。海面下に島や大陸があっても、私たちは認識できない。それをマイナスのエネルギーの物質が隠れている状態とするのだ。

仕掛けはこうである。プランク時間以前（？）では、海面が非常に高くて、すべての土地が海面下に隠れてしまっていたとしよう。プラスのエネルギーの物質が何も存在しない「無」の状態である。プランク時間になったとき、突然海面が大きく下がったとすると、隠れていた島や大陸、つまりプラスのエネルギーの物質（と反物質）が姿を現すことになる。はじめの真空ではエネルギーのゼロ点（海面の高さ）が高かったのが、プランク時間で真空の状態が突如変化したため、ゼロ点が下がって（海水が引いて）物質（と反物質）が創成された、とするのだ。このとき、真空のエネルギーもゼロ点が下がったために大量に解放されるから、そのエネルギーによって宇宙空間が急膨張することになる。こうして、膨張宇宙が誕生するのである。

ホーキングは、巧妙にも、プランク時間以前（？）の宇宙を母親のお腹にいる赤ん坊になぞらえて「ベビー・ユニバース」と呼んだ。私たちから赤ん坊の姿が直接見えないという意味ではまだ「無」なのだが、エネルギーが高かった状態として胎内に潜んでいる。この赤ん坊が生きる時間は、現世の私たちが生きる時間とは異なっているだろうし（それが虚数時間なのかどうか知らないが）、母親の子宮という空間も、赤ん坊にとっては現世とは異なった次元やサイズであることだろう。そして、突然、真空が変化して赤ん坊が有限の大きさ、有限の（ゼロではない）年齢で生まれ、この世界の時空に合わせて生きていくことになる（生まれたばかりの赤ん坊をゼロ歳とするのは人間世界の都合のためであって、肉体的にはある時間を既に生きており、きっかりゼロ歳で生まれるわけではない）。この宇宙の創成を赤ん坊の誕生になぞらえるのは、神話の時代に戻ったと言えないでもないが、見事なアナロジーである。[*1]

右のような宇宙誕生劇のシナリオは、宇宙論者という物理学原理主義者の単なる空想なのだろうか。真空のエネルギーだの、虚数時間だのと、常識外れの概念を使っているから、いかにも奇妙と思われるかもしれないが、物理学の世界では、それほど異常なことを考えているわけではない。

その卑近な例として、水の「相転移」がある。大気圧の下で、水の温度が摂氏ゼロ度以下になると、液体の水から固体の氷に変わる。これを相転移と呼ぶが、摂氏ゼロ度以上では水分子が比較的自由に動ける液体が最低エネルギー状態であったのが、ゼロ度以下になると分子が規則正しく並んで自由に動けない固体の方が最低エネルギー状態になるために起こる。このとき、水から氷への相転移で「潜熱」が放出される。二つの最低エネルギー状態の遷移に伴って、そのエネルギー差が外部に放出されるのだ。このような相転移は、さまざまな物質で知られているから、ごく普通の物理過程と言うことができる。

これと同様、宇宙の創成前後で「真空の相転移」が起こるとするのが右のシナリオで、その意味では、宇宙の創成はいつでも、どこでも、起こりうることなのである。だから、宇宙が無限個存在してもよいというわけだ。とすると、宇宙の創成に神の一撃も要らない。では、神は何の仕事もしないで、ただ賭博にふけっているだけなのだろうか？　いや、そう結論してしまうのは拙速というものである。右のような相転移を起こしうる「エネルギーのゼロ点が高い真空」が、どのように準備されたのか、そもそもそんな真空が存在するのか、まだ何もわかっていないからだ。そこにまだ神が介入する余地が残されている。はじめに「無」ありきとしているからだ。神は「無」にその存在証明を秘かに書き付けているかもしれない。

宇宙は、なぜ、このようにあるのか？

さて、宇宙が無数に存在しうる可能性についてのヒントは得られたが、そうして生まれる宇宙はいったいどのような姿をしているのだろうか。みな、私たちが観測しているこの宇宙と同じなのだろうか、それともそれぞれが異なった姿の宇宙となっているのだろうか。それを決めているのは、初期に存在したはずの「無」――エネルギーのゼロ点が高い真空――の性質と考えられる。

初期の真空のエネルギーがあまりに高すぎると、それが解放されることで宇宙の膨張が速すぎ、銀河や星を形成する暇がないまま膨張し、何の構造も存在しない寂しい宇宙となる可能性がある。逆に、真空のエネルギーが低すぎると、宇宙はほとんど膨張できないまま、すぐに重力によって反転し収縮してブラックホール宇宙になってしまうだろう。あるいは、ベビー・ユニバースの空間が一〇次元もあり、それが全部膨張して一〇次元宇宙になっているかもしれないし、そのうちの二次元だけが膨張して平面の宇宙になっているかもしれない。誕生しうる宇宙が無限にあるのだから、そのバラエティーも無限にあるだろう。微視的に見ても粗視的に見ても同じ自己相似なフラクタル宇宙の集合などという味気ない巨大宇宙ではなさそうだと想像できる。とはいえ、われわれの宇宙以外は観測できないのだから、それを確かめることはできないのだが。

ならば、せめてわれわれの宇宙をじっくり観測して、なぜ、このようにあるのか、という問題を考えることにしてはどうだろう。それによって、神の恩寵（おんちょう）が読み取れるのか、それとも、ますます神は不要となるのかの判断ができるかもしれない。この宇宙の年齢と大きさは何で決まっているのか、宇宙に存在する諸々の構造――銀河や星や地球や人間など、いっさいの物質構造――の起源や、宇宙の至るところで同じ値をとり、時間的にも変化しないと考えられている普遍的な基本定数――光の速さ、電荷の大きさ（電気力の強さ）、重力定数（万有引力の強さ）、量子世界を特徴づけるプランク定数など――の由来は、いったいどのように説明できるのだろうか。

たとえば、この宇宙の年齢が一三八億歳程度であることは、現在の宇宙膨張の速さと宇宙の大きさからおおざっぱに見積れる。この速さのままで、現在の大きさにまで膨張する時間として近似的に計算できるからだ（昔の膨張速度は大きかったから、実際の宇宙年齢はこれよりは短いが、二倍も異なることはない）。では、なぜ宇宙は年齢が一三八億歳なのだろう。気まぐれに神がサイコロを振って真空が相転移を起こす時期を決めたのが、たまたま一三八億年前であったのだろうか。それとも、偶然に私たちが一三八億歳の宇宙に生まれただけであって、もっと昔の若い宇宙に遭遇した人類も、後の世のもっと年とった宇宙を生きる人類もいるのだろうか。

他にも、なぜ光の速さはこんなに速いのか、なぜ重力定数はこんなに弱いのか、そもそもなぜ量子世界が存在するのかなど、考え始めるときりがない。実は、これまでの物理学は、このような問題の立てかたをしてこなかった。デカルト流に言えば、「目的因ではなく、起成因を調べる」のが正当派の近代科学のなすべき仕事であったからだ。物質や定数は与えられたものとして、その運動や反応の法則を明らかにすること、それが自然に書かれた神の意図を読み取る科学者の仕事なのだ。「なぜ、このようにあるのか」と問いかけると、アリストテレス的本性論に陥るか、神の意志論に追い込まれてしまう。科学者たちは、尊崇するがゆえに神の介入を遠ざけたいデカルトの意向を忠実に守ってきたのである。

しかし、もはや神は賭博に明け暮れているのだから、まさかその介入はあるまい、と高をくくって「目的因」に挑もうという風潮が強くなってきたようである。科学者は、傲慢にも「神なんて」と広言するようになったのだ。そして、この人間を作ることこそが宇宙の目的だと、図々しく主張するようになってしまった。「人間原理」の宇宙論である。[*2]

人間原理

宇宙を創ったのが神であろうとなかろうと、この宇宙を認識しているのが人間であることは間違いない。もし、人間が存在しない宇宙なら、その宇宙は存在したとしても永久に認識されることがないだろう。認識主体である人間が生まれない宇宙であれば、存在そのものを議論しようがないのだ。であれば、人間を生み得ない宇宙は、あってなきがごときものでしかない。

逆に言えば、この宇宙は、われわれ人間が存在しているがゆえに認識されている。とすると、人間が存在することそのものを、「宇宙は、なぜ、このようにあるのか」を解く条件に使えるのではないか。つまり、「宇宙がこのようにあるから、人間が存在するのだ」と言い換えてみたらどうだろうか。宇宙の年齢や大きさ、宇宙の構造、基本定数の値、それらすべてが人間の存在を保証するようになっている、と考えるのだ。これを「人間原理」と呼ぶ。気まぐれに神がサイコロを振って宇宙を創ったのではなく、神は人間が生まれ得るように細部まで設計して宇宙を創ったと言えば殊勝だが、むしろ、この宇宙の主役は人間であって神ではないと主張しているのである。

この人間原理の宇宙論は、一九七三年にイギリスのカーターが提案したものだが、人間の虚栄心をくすぐるためか、かのホーキングも含めてファンが増え、その分さまざまに手が込んできた。とても、全部に付き合いきれないが、そのさわりだけを紹介しておこう。

宇宙における人間生息数の時間変化

最もオーソドックスな人間原理は、現在の宇宙年齢が一三八億歳程度であることが、この宇宙における人間の存在を前提にすれば、自然に理解できるというものである。

人間がこの地球上に生まれるにあたって、まず準備されねばならないのが、炭素を代表とする重い元素である。人間は、炭素の化合物から成る有機物であり、食物を酸素と結合させて代謝作用に使い、その細胞を造るタンパク質は炭素、酸素、窒素そして水素が主要元素である。さらに、鉄もリンも硫黄もカルシウムも……と、少ないが生体を構成したり、生理作用に重要な役割を果たしている重い元素も多数必要である。そして、生物体としての人間がこれらの元素を利用することができたのは、地球が岩石惑星、つまり重い元素の塊であったためである。

ところが、宇宙は最も簡単な元素である水素から出発し、温度が高い宇宙初期にヘリウムは作られたが、炭素より重い元素は星が登場して輝き始めるまで作られなかった。核融合反応によって星が輝くとともに、初めて重い元素が星の内部で合成されたのだ。やがて、星は寿命を終えて爆発し、重元素を放出する。それらは周りのガスと混ぜ合わされ、ガスから次世代の星が誕生し、星内部で核反応が進行する、という輪廻（りんね）が繰り返されてきた。この輪廻の過程でガス中の重元素が徐々に増えてきたのだが、重元素が少ない時代に誕生した惑星は小さいから、生命発生の要件である水や大気が保てない。生命が充ちている地球のすぐそばの月に生命が生まれなかったのは、岩石の塊として小さかったため、水や大気が逃げてしまったからである。地球クラスの大きさの岩石惑星が生まれるためには、右の輪廻が何回も継続し、ガス中の重元素が増えなければならない。したがって、宇宙が誕生してから幾星霜かを経て初めて、地球サイズの岩石惑星が生まれる条件が満たされたのである。つまり、宇宙が若過ぎると、地球が生まれず、ゆえに人間も生まれないのだ。

他方、地球上に生きて宇宙を認識している人間は、永遠の存在ではない。これまで地球上に現れた生物の種の九九パーセントは絶滅したことが知られており、その平均寿命は約四〇〇万年と推定されている。人間は、その先祖に当たるホモ・エレクトス（二本足で立ったヒト）から数えて、かれこれ三〇〇万年くらいになるから、そろそろ種としての寿命が来ているのかもしれない（その徴候が見えてきたような気もするが……）。もっとも、現世人類の直接の祖先であるホモ・サピエンス（かしこいヒトという意味だが、自分で名づけたのだから信用できないことは、幾多の戦争の歴史からもわかる）からは、まだ二〇万年くらいしか経っていないから、当分絶滅の恐れはない。もっとも、一億年以上栄えた恐竜類がいた一方、ほんの数十万年で絶滅したネアンデルタール人もいたことだから、平均寿命で論じるのは正しくないだろう。実は、種の絶滅までの時間は、宇宙スケールの時間と比べると問題にならないくらい短いのだから、ここで議論しても意味がない。

問題は、地球がなくなってしまうまでの時間である。地球も永遠ではないのだ。太陽の寿命は、一〇〇億年と見積られている。太陽は現在四六億歳だから、寿命のほぼ半分を終え中年にさしかかっている。これからおよそ五〇億年経つと太陽は膨れ始め、その表面が火星軌道くらいまで広がると予想されている。そのとき、地球は、太陽に呑み込まれてしまうか、その前に熱に炙られて溶かされ蒸発してしまうか、のいずれかの運命をたどるだろう。たとえ五〇億年先まで人類が生きられたとしても（そんなことは考えられないが）、地球が死を迎えるとき同時に人類も死を迎える。つまり、母なる太陽の死とともに、人類も死に絶えるのが必然なのである。宇宙は、再び認識主体を失っていくのだ。

むろん、宇宙における人類は、この地球上に生まれたわれわれだけではない。今、この瞬間にも、多くの人間が、この銀河系にも、あの銀河にも生きていて、同じように宇宙論議をしていることだろう。しかし、宇宙が年をとっていくにしたがい、宇宙に生息する人間の数が減っていくのも確かである。惑星は、星が誕生する際に同時に生まれるのだが、宇宙が年をとるにつれ、星や惑星を造る材料（ガス）が徐々に減っていくため、惑星も生まれにくくなるからだ。そして、中心にある星の死とともに、人間が生息する惑星も未来の地球と同じように死を迎えるから、やがて人間が一人もいない宇宙になってしまうだろう。

以上のように、宇宙が若過ぎると地球のような岩石惑星が生まれにくく、宇宙が年をとり過ぎると惑星の数がどんどん減ってしまうことになる。現在の宇宙年齢が一三八億歳であるのは、ちょうどこれくらいの年齢のときに、宇宙に生息する人間の数が最高になると考えれば素直に理解できるのだ。宇宙にも人間を生む適齢期が存在するのである。

こんな推論ができるのは、宇宙進化の過程で、人間を生み出す環境条件が変化していることがわかったからである。ならば、人間が生息できる条件を積極的に宇宙の原理に取り入れてはどうだろうか。それが、人間原理の出発点であった。

弱い人間原理

そのような動機から、まず登場したのが「弱い（passive な）人間原理」である。この立場では、基本定数の値が、われわれの宇宙で測定されている値と少し異なった宇宙が存在すると仮定する。そして、その宇宙に、われわれの宇宙に存在するような銀河や星などの構造が安定的に存在しうるかどうかを調べるのだ。もし、構造が不安定で、人間を生み出す条件が満たせなかったら、その宇宙には人間は存在しないと結論できる。そうでない宇宙、つまり、われわれの宇宙と同じように構造が安定的に存在でき、人間を生み出しうる条件を満たす宇宙が持つべき基本定数の値の範囲を求めるのだ。もし、それが非常に厳しい条件であるならば、われわれの宇宙では、基本定数の値やその組み合わせが実に絶妙に調整されていると考えてよいだろう。そのような場合、われわれの宇宙には、宇宙そのものを認識する人間を生み出しうるように基本定数がセットされている、と言えるのだ。このように、さまざまな基本定数について、われわれの宇宙が人間を生み出しうる条件を克明に調べようというのが「弱い人間原理」である。むろん、われわれの宇宙では人間が生まれる必要条件が満たされていることを証明したい、という魂胆が背景にあるのは言うまでもない。

そのような観点で議論しているうちに、われわれの宇宙は意外に「脆い」存在であることがわかってきた。「脆い」という意味は、宇宙のさまざまな構造――銀河や星などのマクロな物体だけでなく、原子や原子核のような微視的な物体も含め――が、非常に微妙なバランスの上に成立しているということだ。電子の重さや電荷の大きさが、ほんの数倍狂うだけで原子の世界は不安定になり、宇宙の物質構造が壊れてしまうのである。

たとえば、電子は陽子の一八三六分の一という小さな重さしか持たず、その理由はよくわかっていない。しかし、もし電子の重さが現在の値よりもっと重いとすると、何が起こるだろうか。原子は、中心にプラスの電荷を持つ原子核があり、マイナスの電荷の電子がその周りに分布して、互いに電気力（クーロン力）で引き合っている。電子の重さが二倍大きいと、電子はこれまでの半分の距離にまで原子核に引きつけられるため、原子核に吸い込まれてしまう確率が大きくなる。電子が原子核に吸い込まれると原子は別の原子に変わり、ときには原子そのものが不安定になって壊れてしまう。地球上の物質はすべて原子で造られているから、原子が不安定であると物質はその形を保つことができずに崩れていくしかない。電子の重さが現在の値となっている宇宙であるからこそ原子は安定しており、私たちも存在できるのである。

計算によれば、電子の重さが現在の三倍であれば、一ヵ月くらいの時間で原子核中の陽子に吸収され、陽子は中性子に変わってしまうことが示されている。すると、中性子が多すぎる原子核になり、そのような原子は不安定で存在できない。宇宙の構造は一ヵ月の寿命しかなくなるのだ。電子の質量が現在の二倍程度であっても、太陽内部で起こっている核反応が加速されるので、太陽の寿命は一億年くらいとなってしまい、とても地球で人間が生まれる時間がなくなってしまうことも計算で示せる。電子の質量という基本定数は厳しく制限されており、人間の存在を保証するような値になっていると言えるのだ。

他にも、重力定数や電荷の大きさがほんの少しでも異なると、原子や星の寿命ががらりと変わってしまい、人間の存在が保証できなくなってしまうことも示される。調べれば調べるほど、われわれの宇宙は、人間が生まれるよう実に都合のよい基本定数の値となっていることが証明できるのだ。

また、宇宙膨張の速さが現在の値よりずっと遅ければ、宇宙は短い時間の間に収縮に転じてブラックホールになってしまうし、逆に宇宙膨張がずっと速ければ、銀河や星が形成される暇がなくなってしまう。宇宙膨張の速さは宇宙年齢と関係しているから、宇宙が一三八億歳であるというのは、宇宙が潰れてしまわない程度には速く膨張し、銀河や星が形成される余裕がある程度にはゆっくり膨張していることを意味している。先の人間の生息数の時間変化とは異なった観点からも、宇宙年齢は、この宇宙において人間が生まれるのに好条件となっていることを暗示しているのである。

「弱い人間原理」の観点から宇宙の成り立ちを検証しているうちに、この宇宙は人間の存在を保証するかのように、実に絶妙に微調整されていることを実感させた。一般に、宇宙に厳として存在しているかに見える諸々の構造が、ほんの少し基本定数の値が異なるだけで、がらりと壊れてしまうのである。そんな宇宙ばかりなら、人間が存在できるはずがない。ところが、われわれの宇宙の基本定数は、例外的に人間の存在を保証しているかのような都合のよい値となっているらしい。われわれの宇宙は、なんと素晴らしく設計されているのだろうかと造化の妙に感嘆し、それを示したいという素朴な感動から人間原理が多くの物理学者を惹きつけたのであった。

しかし、それは早とちりである。何も人間の存在を持ち出すまでもなく、宇宙の造化の妙は当然なのだから。自然界の構造を言語に喩えてみよう。イロハ四七文字（あるいは、アルファベット二六文字）が基本ブロックで、その数個の組み合わせで名詞や動詞などの単語が作られ、文法に従った単語の系列によって文章ができ、文章の集合によって小説や論文ができあがり、それらをまとめると本になる。基本ブロックから始まり、階層的に複雑さが増すにつれ、多様な意味が生じてくる構造となっている。同じように、物質世界も階層構造となっている。現在のところ、物質の基本ブロックは、一二種類のクォークと電子とされている。クォークの組み合わせによって陽子と中性子が作られ、複数の陽子と中性子が集まって原子核ができ、原子核と電子によって原子ができ、原子が集まって分子や高分子を作り、それによって人間ができあがり……という具合である。

このような階層構造の特色は、より基本的な単位ほど単純で堅固である（安定している）ことだ。逆に言えば、より上位の構造ほど複雑で曖昧である（微妙な安定状態にある）。それゆえ、原子核より原子が、原子より分子が、分子より生命が、階層が上がるにつれてより多様な構造として展開していると言えるのだ。もし基本ブロックが不安定であれば、階層構造は脆い砂上の楼閣となってしまうだろう。一般に、最も小さい部品ほど種類は少ないが精巧に作られており、ほんの少しの狂いも許されない。であるからこそ、物質構造の基本ブロックである原子核は、基本定数の小さな変化に対し脆いのだ。

このように考えると、人間の存在如何（いかん）とは関係なく、神は、部品（原子核や電子）の重さや電荷の大きさや結びつける力を詳細に吟味し、絶妙な宇宙構造を創り上げているのである。

アインシュタインは、もう一度人生をやり直せるとしたら科学者ではなく鉛管工になりたいと述べたそうだが、賭博師である神を拒否したアインシュタインであるだけに、神を達者な建築職人と考えたかったのかもしれない。逆に、宇宙の誕生に神は不要であり、さらに賭博にうつつを抜かしている神を発見した科学者は、アインシュタインのような素朴な信仰を捨てて、誤った推論から人間こそがこの宇宙の主人公であると思い込むようになってしまったのである。

強引な人間原理

それからというもの、物理学者は、われわれの宇宙は結果として人間を生んだのではなく、はじめから人間が生まれる必然性を持っていたのだと傲慢にも考え始めた。この宇宙の目的は人間を生むことにあるのだ、と。だから、なぜ、われわれの宇宙の基本定数がこのような値となっているかという問いに対する答は、人間の存在が可能になるという必要十分条件から導かれると主張するようになった。人間を基準にして、宇宙が「なぜ、このようにあるのか」という問題を解こうというわけだ。これを「強い（active な）人間原理」と呼ぶが、後に述べるように、私は「強引な人間原理」だと思っている。

その一例として、「対流条件」をあげよう。人間が生まれるためには、地球のようなサイズの岩石惑星がなければならない。といっても、宇宙に存在する元素のほとんどは水素とヘリウムであり、岩石惑星が生まれたとしても、そのままでは木星や土星のように水素とヘリウムから成る厚いガスの大気で地表が覆われてしまうだろう。水素やヘリウムから生命は生まれないから、なんとかしてこれらのガスを吹き飛ばす必要がある。惑星自体にはガスを吹き飛ばすだけのエネルギー源がないから、惑星と一緒に生まれた星（太陽）の作用に頼らざるをえない。

太陽のような星の場合、中心で起こる核反応によってエネルギーが放出され、そのエネルギーは星の表面にまで運ばれて輝いている。星の表面温度が低いと、星内部と表面の間の温度差が大きくなり、対流が発生してエネルギー輸送が激しく起こる。ちょうど、やかんを底から熱し始めたとき、底の湯の温度が高くなるにつれて、やかんの内部で湯の上下運動（対流）が生じるのと同じである。この対流運動によって熱エネルギーが上面に能率的に運ばれるようになり、やかんの上面では煮立った湯が激しく飛び出してきたりする。太陽のような星の場合、対流層が発生すると、星の表面からガスが激しく吹き出すことになる。これを

「星風（せいふう）」というが、この星風が近くの惑星に吹きつけると、その圧力によって水素やヘリウムのガスが吹き飛ばされてしまう。こうして、地球や火星のような岩石がむき出しの惑星になると考えられている。

まわりくどくなったが、要は、岩石がむき出しになった惑星でこそ生命は誕生するが、そのためには内部に対流層を持つ星が近くになければならない、ということになる。人間原理流に大げさに言えば、この宇宙に人間が存在するためには、対流層を持つ星が近くになければならない、というわけだ。これを「対流条件」と呼ぶ。星の表面温度は主として重力の強さで決まっているが、対流運動が生じるためには、その表面温度は水素がイオン化する温度以下という条件を満たさねばならない。この条件から、重力定数と電荷の大きさ（電気力の強さ）についての簡単な関係式を得ることができる。

本来、重力定数と電荷の大きさの間の関係式は、微視的世界における物質間の相互作用についての理論によって明らかにされるはずである。ところが、現時点においては、そのアプローチは非常に難解であるため、まだまともな理論に到達しておらず、信頼できる結果は得られていない。ところが、人間原理を持ち込むと、いともたやすく簡潔な関係式が得られるのである。対流条件というような、いかにもこじつけのように見えるが、それからいかにも本当のように見える式が得られるから不思議である。そのためもあってか、ホーキングのような西欧の大家の多くが人間原理への共感を表明している（本心から信じているかどうかはわからないが)。おそらく、西欧では、唯一神の存在とか、神の目的を、これまでさんざん考えさせられ押し付けられてきた長い歴史のため、てっとり早く人間を宇宙の中心に据えて神に退場を願う心情が強いのではないだろうか。

少しばかりの批判を

かつてイギリスのラヴロックによって「地球ガイア説」というおもしろいアイデアが提案され、現在でも熱烈な支持者がいる。地球上にいったん生命が誕生すると、生命自身の作用によって地球環境が整備され、より高等な生物へと進化する条件を整えてきた、というアイデアである。事実、らん藻類の植物が海に繁茂して光合成をおこない、原始大気中の二酸化炭素を吸収して酸素の豊富な現在の大気に変え、さらにオゾンが生成されて紫外線がシャットアウトされたので陸上へ生物が進出することが可能になった。陸上では、裸子植物から被子植物へと変化することによって草食動物への栄養補給が豊かになるとともに、草食動物を餌とする肉食動物も栄え、恐竜類から哺乳類への進化を促すことになった。あたかも地球そのものが一つの生命体であるかのごとく、自らを豊饒の大地に変えていったと考えるのだ。まさに、地球そのものが大地の女神であるガイアに喩えられる働きである。とはいえ、地球自身が生命世界を豊かにしようという目的を持って演出してきたわけではなく、結果として多様な生命世界が現れ出たに過ぎない。だから、地球ガイア説は環境問題への巧いキャッチコピーにはなる（その意味では優れている）が、科学的吟味に堪えられるものではない。

人間原理の宇宙論は、地球ガイア説の変形宇宙版と言えなくもない。混沌（カオス）から生まれたガイアは天空（ウラノス）の生みの母というギリシャ神話があるように、天空の地球はガイアの産物というわけだ。それはこじつけの屁理屈だが、人間原理の宇宙論には決定的な弱点がある。「宇宙がこのようにあるから、人間が存在する」という論法は、必要条件を述べているだけであって十分条件ではないことだ。つまり、「人間が存在するためには、宇宙はこのようでなければならぬ」ことを証明したわけではないのだ。たとえば、一六五頁に述べた電子の重さは陽子の一八三六分の一であるから、原子の（つまり人間の）存在に都合がよいことはわかるが、なぜ一八三六分の一であって、一八五〇分の一ではないのかを説明できていない。人間の存在から、一八三六分の一という数値は導けないのだ。いわば、結果をあらかじめ知っていて、それに都合がよい条件をあてはめているようなものである。

かつて、『聖書の暗号』（マイケル・ドロズニン著、一九九七年）という本がベストセラーになった。ヘブライ語で書かれた旧約聖書には、人類が遭遇するであろうさまざまな事件が前もって予言されている、と主張した本である。かつて、ニュートンも凝ったといわれる謎解きで、聖書の文字列を作り、それを縦横斜めに何字かおきに読んで意味のあるメッセージを探そうというものだ。むろん、そのメッセージは私たちが既に知っている歴史的事件だから、そのように読めるよう読みかたを恣意的に選ぶのである。そうすると、ヒロシマへの原爆投下も阪神・淡路大震災も聖書から読み取れるというわけだ。こじつけに過ぎないが、コンピュータを使って文字列からうまくアルファベットを選ぶと、いかにもそのように読める文章になるから実に魅力的に見える。しかし、未来に何が起こるのかは読み取ることはできない（そうできるなら、9・11の同時多発テロや3・11の原発事故は防げたはずである。今ごろきっと、聖書にこれらの事件も書いてあったと言うのだろうが）。人間原理は、いわば聖書の暗号を読み取ろうというようなもので、なんらの予言力を持っていないのである。

一時、ノストラダムスの予言が人心を惑わせたことがあった。これは、なんとでも読み取れる曖昧な言葉を都合よく解釈して未来の出来事を予言しようというもので、恣意的な解釈に過ぎずほとんど意味がなかった。ただ、『聖書の暗号』のように既知の出来事を読み取る作業とは異なり、未知のことを果敢に予言するというので人を惹きつけることに成功したのである（それがノストラダムスの予言の強みなのだ）。むろん、当たるはずがないから、すぐにブームは去った（ノストラダムスが同時多発テロを予言していたと言う人がいるそうだが、結果がわかってからでは予言にならないから、せっかくのノストラダムスの予言という強みがなくなってしまう。これを贔屓の引き倒しと言う）。人間原理は、一応科学の顔つきをしているから、ノストラダムスの予言ほど荒唐無稽ではないことは付け加えておきたい。

もう一つの批判は、「人間原理」が再びアリストテレス流の人間中心の宇宙論の復活と言えなくもないことである。アリストテレスが宇宙の中心に人間を置いた（天動説）根底には、人間を至高の存在とする考えがあったためだと思われる（やがて、トマス・アクィナスの詭弁によって、中心をキリスト教の神にとって代わられてしまい、人間中心の幻想だけが残されたのだが）。はたして、われわれごときの未成熟の人間が宇宙を本当に認識していると言えるだろうか。同じ地球に生きる犬や蚊が認識している宇宙と、どれだけ異なるのだろうか。自らを至高とみなしたときから没落が始まるのだ。

「明日も太陽が昇るというのは仮説に過ぎない。太陽が明日も昇るかどうか、誰も知らない」というオーストリア出身の哲学者ヴィトゲンシュタインの言葉は、客観世界の存在を否定したように聞こえるかもしれない。しかし、私は勝手に、今夜すべてが死に絶えるかもしれないとの警句と受け取っている。また、太陽が昇るのはけっして人間のためだけではない、という意味とも解釈している。人間中心論を否定しようとしたのではないか、と。

宇宙がこのまま永遠に膨張を続けるにしろ、膨張が止まって収縮し潰れてしまうにしろ、いずれ人間は死に絶えることは事実である。永遠に膨張し続ける場合には、そのうちに宇宙は星や惑星を生む活力を失ってしまい、残された星が一つ一つ寿命を迎え、やがて真っ暗闇の宇宙になってしまうだろう。潰れる宇宙の場合は、強力な重力によって星や銀河などすべての物質構造が壊されてしまうことになる。人間原理の出発点は、宇宙を認識するのが人間であるから、人間の存在を「宇宙は、なぜこのようにあるのか」という問いを解く条件に使おう、というものであった。しかし、今、人間が存在しているとしても、いずれ死に絶えるのだから、この宇宙を認識したという証拠も消えてしまう。つまり、宇宙にとっては、人間の存在など知ったことではないのである。「無」から生まれた宇宙は、再び「無」の境地に戻っていくに過ぎない。ひょっとすると、神は壮大なる「無」そのものであるのかもしれない。

第七章　神は細部に宿りたもう

対称性とは

コンパスを使って紙に円を描いてみよう。円は、中心の周りにどのように回転させても形は同じで重なり合う。このように、図形にある操作（今の場合は回転）を施すことを「変換」と呼び、それによって図形がぴったり重なり合う場合、「変換に対して不変」とか、「変換に対して対称」という。そして、そのような図形の性質を「不変性」とか「対称性」と呼んでいる。「円は回転に対して不変」、あるいは「円は回転対称性を持つ」のである。また、中心を通る直線に沿って折り曲げても半円同士が重なり合う。この折り曲げの操作は、直線上に鏡を置いて像を作って比べるのと同じなので「鏡映変換（あるいは、パリティ変換）」と呼んでいる。「円は鏡映対称」なのである（図7－1）。右手（左手）を鏡に映して左手（右手）と重ねる操作は、左右の手を広げて重ね合わせるのと同じ操作なので、「右手系と左手系の変換」とも呼ばれている。

次に、正六角形を描いてみよう。この場合、回転に対しては、六〇度の整数倍の角度のときしか図形は重ならない。鏡映に対しては、向かい合う頂点を結ぶ三本の直線か、向かい合

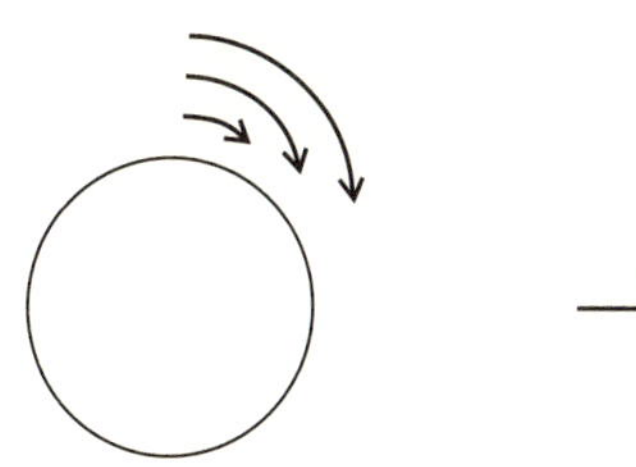

円の回転対称

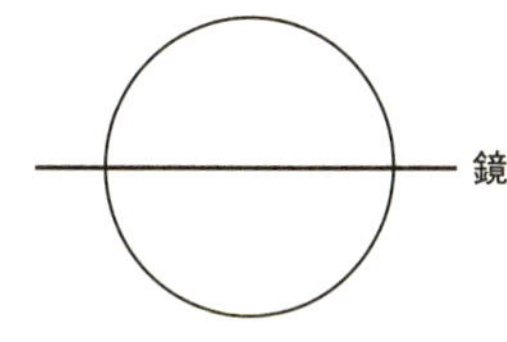

円の鏡映対称

図7-1

う辺の中点を結ぶ三本の直線でしか図形は重ならない（図7－2）。円では、どのような角度の回転でも、中心を通るどのような直線に対する鏡映でも重なり合う（対称である）ことと比べると、明らかに対称な場合の数が減っている。正六角形は円より対称性が低いのである。

さらに、壁紙やカーテン地には同じ図形が繰り返してプリントされている場合が多い。風呂敷に使われている唐草文様は、渦巻く蔓草（つるくさ）の形に由来するようだが、平行移動すると図形が重なり合う。このような場合は、座標の原点移動という変換に対する対称性を満たしている（「並進対称」）。

このような、変換とそれに対する対称性という概念は、平面に描いた図形だけに限らない。三次元空間内の立体的な物質構造にも適用できるし、仮想的な空間においても似たような変換と対称性を定義することができる。実を言えば、物質の構造や運動を論じる科学の一つの目標は、どのような対称性で物質が特徴づけられる

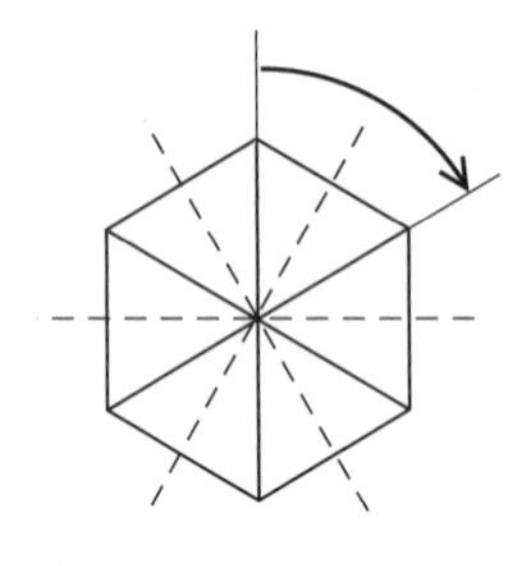

正六角形の6つの鏡映面

図7-2

か、どのように対称性が破れているか、その原因は何なのかを明らかにすることにある。

対称性の破れ

右に取り上げた回転、鏡映、並進という操作は空間内の変換であり、このような変換に対して対称性が最も高いのは、まったく一様な空間である。二次元面の図形で言えば無限の大きさの白紙であり、三次元空間の物質構造なら一様に物質の詰まった無限の空間である。つまり、なんら特徴的なパターンも構造も存在しない空間が対称性の最も高い空間、と言うことができる。ところが、私たちが美しいと感じる図形は、六角形の雪の結晶とか、正二十面体にカットされたダイヤモンドなのだが、それらは必ずしも対称性が高いわけではない。対称性が高すぎると、あまりにパターンが単純すぎて美しさも消えてしまうのだ。逆に、馬鈴薯やごつごつした岩石のように、まったく規則性のない図形は対称性が極端に低く、それらに整った美を感じることも少ない。ある程度規則性があり、つり合って調和した形の、そこそこに対称性が高い図形にこそ美を感じると言えそうだ。言い換えると、ある種の対称性を備えながら、その一部が破れている場合の方が、私たちの感覚に刺激を与えて印象に残るのではないだろうか。一般に、男性の気を惹く女性の顔立ちは、左右対称の完全な美人ではなく、眼の大きさがちょっと異なるとか、黒子(ほくろ)が顎や頬に付いていて、左右のバランスがちょっとだけ崩れている場合である。

対称性とその破れが何を意味するかを考えてみるのはおもしろい。たとえば、西洋の宮殿や庭園や教会は、正面から見ると完全な左右対称になっている場合が多い。対称性が高いほど「完全」に近く、権力の強さや権威の高さを象徴することができるためだろう。たとえばキリスト教の十字架が左右対称であるのが思い浮かぶ。一神教で、厳格な神のイコンは、一般に左右対称を(上下対称も)厳密に守っているようだ。また、中国では皇帝の権力を誇示するために条里(阡陌(せんぱく))制で左右対称の都市作りをおこなったし、日本でも天皇制権力が確立したところに造営された平城京や平安京も、それに倣った構造となっている。

ところが、完全に左右対称のアクセサリーは、はじめは美しいと感じるが、やがて何か物足りなく遊びがない気分になってしまう。あまりに幾何学的に対称な空間構造であると、どこか冷たく余裕がないように感じてしまうのだ。少しでも左右対称が破れている方が安心でき、人間性を感じるのではないだろうか。身につけるペンダントには左右対称な十字架が使われているが、教会にあるキリストの磔像（たくぞう）は少し身をよじって対称性を破っている。日常は厳格な神を意識しつつ、信徒が共に集うときにはキリストの苦しみや愛を感じることができるように対称性を破っているのだろう。

日本の仏教建築では、中国から輸入された初期の様式は、本堂（金堂）講堂、東西の塔などが中国式に左右対称の配置となっていたが、やがて左右対称を破るようになった。塔を一つで済ませたり、大きさの異なる金堂と講堂を対にして配置するようになったのだ。また、本堂に置かれる仏像も、手を膝の上に組んだ左右対称の像より、右手と左手の印の結びかたが異なった本尊が圧倒的に多い。見事な対称性を持った像によって荘厳さを保ちつつ、それを少し破る工夫をしているのだろう。そう考えると、キリスト教も仏教も、同じ手法で人々の気を惹こうとしていると言えそうだ。宗教とは、すべてそういうものかもしれない。神仏は対称性の破れがお好きなのである。

そういえば、神社の鳥居は左右対称だが、神前の左右の狛犬は阿吽（あうん）の形となっていて、鏡面対称性を少しだけ破っている。京都御所の紫宸殿（ししんでん）前に右近（うこん）の橘と左近（さこん）の桜が植えられているのも、天皇の権威と親近さを同時に表現したいためと思われる。根底にある完全性を表現するためには厳格な対称性が要求されるが、人々に心穏やかに受け入れられるためには対称性の破れが必要なのだ。フランスの哲学者ロラン・バルトは皇居を首都の中心に位置する

「無の空間」と喝破したが、最高の権威が要求する完全な対称性とは何もないことに通じる、と言いたかったのではないだろうか。むろん、それでは国民の支持が得られないから、天皇家は参賀と称して対称性を破る（無の空間でないことを示す）ためのサービスに努めているのである。

筆が少し走りすぎたが、対称性の考えかたは、このようにさまざまな局面に適用できるのではないか、と言いたかったのだ。この宇宙そのもの、そして私たちの現実世界は、対称性が破れた結果であることを以下で述べることにしよう。

対称性の破れが世界を創る

宇宙は「無」から創成されたことを第六章で述べた。まさに、対称性が完全に成り立っている状態の「無」こそが、宇宙の始まりにふさわしい。誕生した宇宙が膨張を続けるなかで、銀河が生まれ、星が生まれ、地球が生まれ、生命が生まれ、そして私たちが生まれてきた。このように、宇宙に諸々の構造が造られてきた過程は、一様な物質分布であった状態から対称性が破れて、物質の非一様な塊が生じてきた過程――つまり、対称性の高い（あるいは区別がつかない）状態から、対称性が破れる物理過程を経て、対称性の破れた（あるいは区別のついた）状態へと遷移した過程――と言える。「単純」で「普遍的」な状態から、対称性が破れて、「複雑」で「特殊」な状態へと遷移してきたのだ。対称性の破れこそが、この世界を造り出したと言える。[*1] 世界の創造主は、ひたすら対称性を壊す作業に従事してきたのだ。

では、何が動機となって、どのような作用で、いかなる条件の下で、対称性が破れたのだろうか。むろん、銀河や星や地球や生命など、それぞれの構造ごとに関与する物質や相互作用が異なっており、それぞれの分野ごとに研究されている。言い換えれば、自然科学の研究とは、すべて対称性の破れを研究しているのではないか。それどころか、そもそも学問とは、すべて対称性の破れを追究していると言えなくもない。というのも、「創造」とは、それまでの枠組みから対称性を破って新たな質（特殊）を生み出す作業であり、「研究」とは、その過程を克明に跡づける作業に他ならないからだ。

言語の成り立ちを考えてみよう。はじめは、アーとかウーとかの、単純で普遍的な音声しかなかった。やがて、唇を震わせたり、舌を巻いたり、歯に引っかけたりして音韻を増やし、イロハやアルファベットなどの基本音節とした。それらをある規則で組み合わせることにより、物の名前、動き、性質、抽象的な概念などを表現する単語とし、単語をある規則で連ねて文章を綴るようになった。そして、論理によって文章を構成し、それらを集大成して物語や論文とするようになった、というわけである。この一連の過程は、対称性の高い単純で基本的な要素から、対称性の低い複雑で多様な意味を生み出す過程と言える。広告コピーのように表現すれば、「対称な原理的世界から、非対称な現実世界へ」と推移してきたことになる。社会構造にも、経済システムにも、法体系にも、いずれにもこのような考えかたが適用できるだろう。むろん、宇宙だけでなく、生物、化学物質、技術体系などの物質世界も同じである。

当然のことなのだが、より基本的な要素は、普遍的であり、堅固で変化しにくいのに対し、対称性が破れた後の構造は、特殊であり、柔軟で変化しやすい。「進化」とは、簡明で堅固な基本ブロックから多様で頼りない構造へ移り変わることであり、より対称性が低い状態へ遷移することに他ならない。物質の成り立ちで言えば、素粒子、原子、分子、高分子、生体物質、惑星、星、星団、銀河、銀河団と続く一連の構造は、より基本的で不変的な物質から、より多様で融通無碍（ゆうずうむげ）の物質が形成されていることを示している。人間のような進化の極にいる動物は、生命体として多様な個性を持っていて対称性が低く、原生的な動物に比べると、より脆く、より儚（はかな）い存在とも言える。人間は頼りない存在なのだ。

化学における対称性の破れ

名古屋大学の野依良治（のよりりょうじ）教授が二〇〇一年度のノーベル化学賞を受賞した。受賞対象となった研究は「不斉（キラル）水素化反応の開発」で、対称性の破れと深く関わっている。ある種の化学物質の分子構造は、右手と左手のように、鏡に映すとぴったり重なり合うような形になっている。鏡映対称なのである。ところが、化学物質の特性が右手系のものと左手系のものでは異なっている場合が多い。つまり、構造的には右手系と左手系はほとんど同じなのに、反応性が異なるのだ。これを「鏡像異性体」と呼ぶ。その理由は、化学物質のどれかの分子の結合様式に違いがあるためと考えられる。これを「不斉（キラル）分子」と呼ぶ。

たとえば、レモンにはリモネンと呼ばれる鏡映対称形の分子が含まれているが、リモネンの右手系はレモンの香りがし、左手系はオレンジの香りがする。その原因は、たった一つの炭素分子のくっつきかたが少しだけ異なっているためだ。それゆえに完全な鏡映対称になっておらず、鏡像異性体なのである。興味深いことに、生物には右手系か左手系かどちらか一方の鏡像異性体しか含まれていないのが通例である。例えば、レモンには右手系のリモネンしか含まれていない。遺伝をつかさどるＤＮＡは右巻きだし、朝顔の蔓（つる）は左巻きしかない。巻き貝は種によって右巻きか左巻きかが決まっており、両方の巻きかたを持つ種は一つもないのだ。

ところが、それらの分子を工業的に合成すると、必ず鏡像異性体の双方が同じ量だけ作られる。反応性やエネルギー的には左右を区別する理由はないためである。にもかかわらず、生物は一方しか選んでいないのだ。なぜ、生物は右手系か左手系かの一方しか採っていないのだろうか。これは未だに解けない難問である。特に、地球上のすべての生物が右巻きのＤＮＡを持つ理由を解明すれば、生命の起源を明らかにする鍵となるだろう。対称性の破れは生命の起源とも深く関わっているのである。

それを考えるヒントは、不斉分子(キラル)にあるのかもしれない。右手系と左手系は、たとえば一方がレモンの香りとなり、他方がオレンジの香りになるように、不斉分子の存在によって完全に同じではない。はじめは右手系も左手系も同じ数だけ生まれたのだが、自然淘汰の過程で一方の異性体を持つもののみが生き残った、という考えかたは成立する。むろん、香りの差だけなら大した差ではなさそうだが、厳しい環境下で生き残るために、何が有利で何が不利かを断定するのは簡単ではない。

ある種の化学物質では、右手系と左手系で決定的な差異を示すことが知られている。その代表例がサリドマイド(化学物質名は3′－(N－フタルイミド)グルタルイミド)である。一九五〇年代末まで使われていた睡眠薬のバルビツレートは、飲み過ぎると死に至るという欠点があった。実際、まだ日本が貧しかった一九五〇年代に睡眠薬自殺者が続出したことを当時幼かった私ですら覚えている。一九五七年、西ドイツのある製薬会社から大量に服用しても特別な副作用がないことを売りものにしてサリドマイドが睡眠剤として発売され、その後世界中に広がっていった。しかし、これを服用した妊婦から生まれた子供たちには催奇性障害が出るという悲劇的な事件が起こった。その原因は、サリドマイドには鏡像異性体が存在し、一方は人体に安全なのだが、他方は妊娠初期のある特定時期の胎児の手足の発生に障害を与えるためであった。工業的に生産された薬剤には双方の異性体が混じっているために引き起こされた薬害事件であり、製薬会社が注意深く臨床実験をおこなわなかったのが悲劇の根本原因である。日本でも被害に遭った子供たちが多く生まれたが、アメリカではＦＤＡ（連邦食品医薬品局）の慎重な審査で薬として認可せず、悲劇を食い止めることができたという経緯がある。サリドマイド薬害の悲劇は、薬剤分子の左右の対称性の破れによって引き起こされたのである。[*2]

ならば、化学物質を工業的に生産するとき、鏡像異性体の安全な（あるいは、役立つ）一方だけを合成する方法はないだろうか。一般に、化学反応には「触媒」が重要な役割を果たすことが多い。反応に関与はするが、最終的には元の状態に戻る物質のことで、反応速度を増加させたり、ある生成物のみを作り出す手助けをする。そこで、うまい触媒を工夫して、人体に無害であり、工業的に役立つ異性体だけを合成する研究が進められた。野依教授の手法は、「還元型」触媒の作成で、不斉(キラル)水素をくっつけて一方の異性体のみを作り出す、というものだ。対称性の破れは、ノーベル賞をもたらすことになった。

サリドマイドの後日談を述べておこう。悪魔の薬として登場したサリドマイドであったが、現在は、難病に苦しむ人にとって不可欠な物質となっている。催奇性を持つ異性体は、新しく血管を作る作用を抑制する効果を持っていることがわかってきたからだ。がんのような病気では腫瘍がすごい勢いで増えていくが、その際、新しい血管が次々に生まれてがん細胞へ栄養物を運んでしまう。サリドマイドを服用すれば、血管の新生を抑制する作用によって腫瘍の増加を抑えることができるのだ。免疫作用を向上させる効果もあるようで、ハンセン病やエイズなどの病気に有効であることも確認されている。そのため、一九九八年、アメリカのＦＤＡは厳格な管理を条件に治療薬として承認した。むろん、胎児への害が明らかな薬を承認するにあたっては多くの論争があったが、副作用が確認されない薬が開発されるまでのつなぎとしての措置であるらしい。サリドマイドが矛盾した運命を歩んでいるのは皮肉なことである。サリドマイドは対称性の破れの意味を象徴する薬剤かもしれない。

神の見えざる手

対称性というキーワードによって、この世界がどのように展開してきたかについて、少しわかったような気がするが、では神はいったいどこに隠れているのだろうか。

もし、神が完全で普遍的であるのなら、対称性の高い状態にずっと留まっているはずで、次々と対称性が破れて出現したこの世界においては、存在する場所がないことになる。特に、一神教の厳しい神は、完璧であり、すべてのものを包摂しうる存在である。つまり、完全な対称性を有しているはずだから、それは「無」でしか実現できない。宇宙を創ることができるような偉大な神は、その最初の「無」の瞬間しか存在できないのだ。

しかし、サイコロ遊びをしたり賭博にふける神は、とても至高とは言えないから、対称性の破れたどこかの階層に隠れている可能性がある。サイコロ遊び（確率論である量子力学の世界）は原子以下のミクロ世界のルールだから、そこが神の安住の地であるとすると、神は極微の存在なのかもしれない。それとも、賭博はカオスやフラクタルで特徴づけられる対称性が大きく破れた古典力学の世界の産物であるから、神は複雑で多様に展開するこの現実世界に隠れているのだろうか。もし、われわれにとって身近な八百万の神ならば、融通無碍に万物に宿っているのだから、まさに対称性が破れた末にできあがったこの世界に在すことになる。とすれば、賭博にふける神や八百万の神が、われわれの身辺のどこにおられても不思議はない。完全な対称性などというような高貴な教義を捨てた神なら、対称性がとことん破れた極所こそ神の居場所にふさわしい。「神は細部に宿りたもう」のだ。

　実際、神は「市場」という喧噪と欲望に満ちた世界で指揮棒（タクト）を振っていると証言する人たちがいる。かれらは、アダム・スミスの言うように「神の見えざる手」が市場の動向を操っており、それによって調和ある経済世界が実現されている、と真顔で語っているくらいであるからだ。実際、現在の株式市場が「カジノ資本主義」と揶揄されているように、経済は賭博好きの神の隠れた手によって操られていると言えなくもない。とはいえ、北の飽食と南の飢餓の極端なアンバランスとか、グローバル・スタンダードと称する弱肉強食の資本主義経済がますます貧富の差を広げていることを思えば、神の慈悲が信じられなくなってしまう。もっとも、神の見えざる手の指揮がなければ、もっと悲惨な世界になっているはずだと言われれば、経済に素人の私には返す言葉がないのだが。

　神の見えざる手の最初の仕事は、自らの代理をしてくれる貨幣の発明であったと思われる。人類の経済活動は物々交換で始まったが、自分が求める物を持っている相手を見つけねばならず、交換すべき物の数が増えてくるにしたがい、膨大で異なった数の取引をしなければならなくなった。これを簡略化するため、いつでも、何とでも交換でき、誰もが欲しがり、保存できるような「何か」を代用物として工夫するようになった。たとえば、はじめは米のような、それ自体価値がある物であっただろうが、それでは持ったまま移動するのにかさばるし、時間とともに質が悪くなって価値が下がり取り扱いが厄介である。そこで、長く同じ質で保存することができ、簡単には同じ物が作れず（偽造できず）、取り扱いの便利な物が考え出された。それが貨幣（お金）である。はじめは特殊な石や貝のような物が使われ、やがて金や銀や銅のような金属が使われるようになり、そのうちに大量に印刷でき、大きな金額も簡単に表示でき、持ち運びが便利な紙幣が発明された。これによって経済活動が実にスムーズに進むようになったことは言うまでもない。貨幣は、いわば「神の見える手」の代用なのだ。実際、「拝金主義者」という言葉があるように、お金を神のごとく拝む人が出てきたくらいである。

しかし、交換される金額が増えるにつれ、貨幣そのものは実体を失いつつある。私は、銀行から借金して家を新築した（『わが家の新築奮闘記』晶文社刊）が、数千万円のお金を実際に手にしたわけでなく、単に通帳の数字がいったん増え、そしてすぐ減ったに過ぎない。また、工事をしてくれた工務店に現金が運ばれたわけでもなく、その預金通帳に新たな数字が印刷されただけであり、そこから大工さんや左官さんなど施工業者の通帳へ数字が動いたに過ぎない。お金のかたちで実体化されたのは、竣工式の後の祝いの酒代くらいなものである。また、クレジットカードを使うことが多くなり、電子マネーが広がりつつある現在では、ますます貨幣そのものを直接手にすることが少なくなってきた。このように「神の見えざる手」である貨幣の役割は減ってはいるが、神の見えざる手が操る経済活動はますます巨大化しており、神は手品を楽しんでいると言えるのかもしれない。

神の見えざる手の最も単純な働きは、中学生のころに学んだことで、需要と供給のバランスをとっていることだろう。供給（売り手）が需要（買い手）を上まわれば値段が下がって需要が増え、逆に需要が供給を上まわれば値段が上がって需要が少なくなる、という仕組みで需要と供給のアンバランスを調節し、最終的に需要と供給のバランスがとれた値段に落ち着くよう操作しているという。この程度のことなら、何もわざわざ神の見えざる手などと大げさに言う必要はないが、むろん経済は複雑系だから、思いがけないことも起こる。バブルが発生したり、大恐慌が起こったり、ハイパーインフレーションに苦しめられたり、デフレスパイラルに陥ったりと、必ずしも需要と供給のバランスがとれて、物価が安定するわけではない。さて、それは神の見えざる手が震えて手品に失敗したためだろうか、それとも神の慧眼（けいがん）による経済構造の再編を目指した大マジックなのだろうか。

そのいずれであるかを見抜くためには、とりあえず、日常の経済活動において神の見えざる手がどのように働いているかを知っておく必要がある。たとえば、企業や資本主義国家は、どのような経営戦略を採っているかを調べる方法である。そこには必ず神の見えざる手の働きが反映されていると思われるからだ。また、神の見えざる手が株式市場や外国為替相場を操っているとしたら、そこで神がどのような手練手管を使っているかを調べる方法もある。むろん、自分こそ偉大なる神の信奉者であると宣う資本家や投資家だけを儲けさせる、なんてちゃちなことはしていないだろう。神はあくまで公明正大であるという建て前は降ろしていないと思うからだ。きっと巧妙な手法を使っているに違いない。さて、それはどんな手法なのだろうか。

そういう分野の研究を意図して、エコノフィジックス（経済物理学）という分野が切り拓かれてきた。神との緊張関係を続けてきた物理学者は、ついに経済学にまで進出したのである。といっても、経済物理学者たちは株や為替投機で儲けたいと思っているわけではない。そもそも、そんな研究でわかるのは、株価や為替変動の大局的な規則性であって、明日の株価や値上がりする株の銘柄がわかるはずがない。神の見えざる手の働きを探ろうという聖なる物理学者は、心は豊かだが懐は貧しいのである。

さらに、経済物理学者は、さまざまな経済指標を分析して、国の金融政策や企業の収益戦略、経済の自律機能や消費者の心理などについても法則性があると考え、それらを炙り出そうという野心も抱いている。たとえば、企業は成長するにしたがってどのような投資戦略を採用するのか、国の金融政策はどの程度まで私企業に影響を与えるのか、それらはどれくらいの時間で株価に反映されるのか、経済のグローバル化によって経営戦略にどのような変化が生じているか、といったことにまで議論を広げていきたいと考えているからだ。といっても、経済活動は、多様な要素が複雑にからみあった典型的な複雑系であり、簡単に解き明かせるわけではない。特に、人間という利己的にも利他的にもふるまう動物が関与し、思惑とか嘘を吐くとか裏をかくなど、法則に乗りにくい行動に走ることもあって、日暮れて道遠しの感がある。しかし、経済物理学は、神の見えざる手の働きを解明する一つの方法であり、思いがけない発見があるかもしれない。以下で神の見えざる手が操る器用な手品の種を見破る試みを紹介しよう。[*3]

企業の成長力学

まず、比較的昔からおこなわれてきた企業の成長力学についての研究を紹介しよう。

同じ業種の企業には、国を代表するような大企業から名もない零細企業までさまざまな規模があり、売上高も一兆円を超える企業から数千万円までさまざまである。通常、私たちは大企業と零細企業とはまったく異なった企業戦略で経営していると思いがちだが、ある尺度で見るとどの企業もよく似た戦略を採っており、その成長力学は規模にかかわらず同じであることがわかってきた。その分析手法は以下のようなものである。

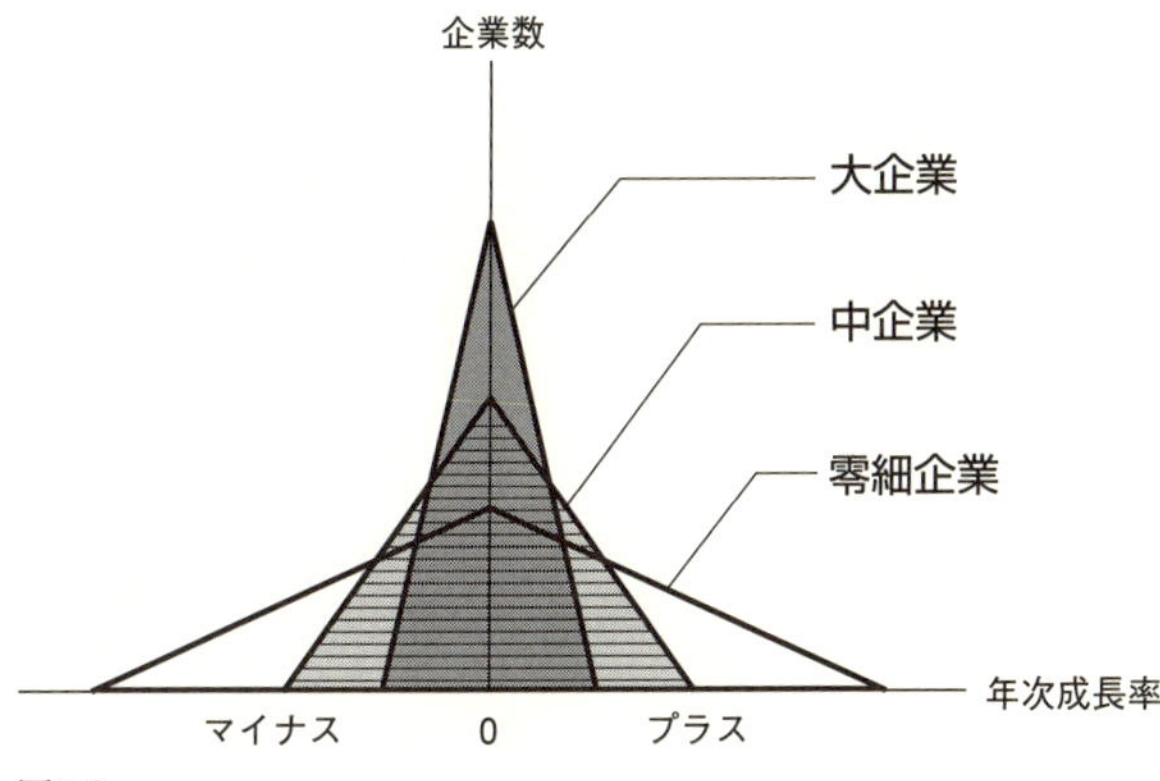

図7-3

まず、同一業種の企業を資産によって、大、中、零細の三つにグループ分けする。資産は、企業がそれまでに蓄積してきた土地や建物や現金の総量だが、おおむねその年度の総収入に等しいことがわかっている。次に、ある年の資産高とその前の年の資産高の比（対数をとった値）で年次成長率を定義し、各企業についてそれを計算する。そして、三つに分けたグループごとに年次成長率の頻度分布を調べるのだ。すると、どのグループでも、成長率がゼロの（資産高が変化しない）企業が一番多く、成長率が大きくプラスになる企業や大きくマイナスになる企業の数は急速に減少する。そこで、横軸に年次成長率をとり（ゼロを中心にして左へマイナス、右へプラスとする）、縦軸に各成長率の企業数の頻度を図示（図7－3）すると、企業数分布は二等辺三角形になる。そして、三角形の頂点は資産高が変化しない企業数を示し、頂点をはさむ角度は資産高の変動幅の大きさに対応する。変動幅が大きい企業が多いと角度は大きくなり、変動幅が小さい企業が多いと角度は小さくなることがおわかりだろう。

資産高が変化しない企業が一番多いのは、通常期では企業の資産高はあまり変わらないためである。企業にとっては可もなし不可もなしが常態で、単年で資産高を大きく伸ばす企業や資産高を大きく落とす企業は、いずれもそう多くないと言えるのだ（むろん、企業の総数では資産高が変化した方が圧倒的に多いが、成長率の頻度分布で見ると資産高が変化しない企業の頻度が最も高いのである）。三角形の二辺がほぼ同じになるのは、資産を増やした企業があれば、それとほぼ同数の資産を減らした企業が存在することを示している。まさに、企業競争はゼロサムゲームと言える。このような、資産高の頻度分布が二等辺三角形になるという特徴は、企業の規模（や業種）にかかわらず共通していることがわかってきた。

しかし、三角形の頂点の高さと頂点をはさむ角度は、三つの企業グループによって異なっている。当然予想されるように、大企業は安定経営が多いから資産高の変動が少なく、頂点が高く、頂点の角度が小さい三角形状になる。規模が小さくなるにつれて資産高の変動が大きくなり、頂点の低い、角度が大きい三角形状に変わっていく。経営が安定しない企業が増えてくるのだ。特に、零細企業では、資産高が一年で一〇〇倍にもなる超優良企業が現れたり、一年で資産高が一〇〇分の一に減って倒産する企業も現れたりすることになる。規模が小さいほど、大成功する優良ベンチャー企業が出現する一方、それと同じだけ倒産する企業も多いのだ。

そこで、三角形の頂点の角度と企業の資産高の関係を求めてみると、興味深い関係が得られることがわかった。売上高の変動の大きさを示す角度は、企業の規模を表わす売上高のベキ関数で表わされるのだ。ベキ関数で表わされるということは、第五章で述べたように「自己相似性」があるということ、つまり企業の成長力学はフラクタルなのである。大企業は一兆円の資産があり、零細企業は一〇〇〇万円しか資産がなく五桁も異なっているが、本質的には同じ成長力学に従っていると言えるのだ。このようなフラクタル性は、企業の新製品開発のための投資額や取得する特許数、宣伝経費や社員の福利厚生費などについても見出されている。企業は規模にかかわらず似たような経営戦略を採っているのだ。

このような統計は、大学の規模と研究投資額の年次変動、国のＧＤＰの大きさとその年次変動などについても調べられており、同じようにフラクタル性を示すことが明らかにされている。企業が競争原理の下で活動していることを考えれば、大学や国家も同じ競争原理に従い、市場の論理が貫徹していると言えるのかもしれない。言い換えると、世界が総資本主義化しているのだ。とすると、神の見えざる手は、人間世界を弱肉強食の資本主義国家に染め上げる働きをしていることになる。なんと無慈悲な神なのだろうか。

株と為替の取引

ダウ式とか日経平均などと呼ばれる、主要銘柄の平均株価の時間変化をグラフにすると、どのような曲線が描けるだろうか。毎日の平均気温の変化は、季節変動に応じてゆっくり変化する部分と、数日から数時間の気象変化によって激しく変化する部分に分けられる。同じように、平均株価も、ゆっくりした景気の変動に応じて変化する部分と、個々の企業の業績や為替の変動に敏感に反応して乱高下する部分に分けることができる。むろん、多発テロの発生で世界同時不況が起こったり、開発途上国の通貨不安が頻発するというような、大局的な景気変動以外の突発的事件で株価が急速に変化する場合もある。さて、株価変動にも神の見えざる手が働いており、なんらかの規則性が見出せるのだろうか、それとも「神も仏もなく」ただ無秩序に推移しているだけなのだろうか。

そこで、ある一日のごく短時間の株価変動と一ヵ月くらいの期間の株価変動、さらに一年くらいの長期変動のパターンが調べられた。そのために、時間軸を伸縮させ、その期間内での最高の平均株価を分母にとって相対的な株価変動に直すのだ。すると、三つの変動曲線は、非常によく似ていて区別がつかなくなってしまう。つまり、微視的（短期的）に見ても、巨視的（長期的）に見ても、平均株価変動は似たようなふるまいをしているのである。

このことを、株価変動は時間の尺度について「自己相似性」を持っていると表現できる。株価もフラクタルで、気まぐれに乱高下しているわけではないのだ。むろん、世界同時不況や通貨不安のような突発的な事件が起こったときには、株価はそれから外れた特異な変動を示す。しかし、その後の回復過程の株価変動のパターンは、通常期のそれに似ているのだ。一九二九年の世界恐慌後の株価変動も、一九九〇年代の日本経済のバブルが弾けた後のそれも、本質的に同じパターンになっている。むろん、数十年という長期間では、企業の規模や産業の盛衰、新たな技術革新や国際的な企業活動の拡がりなどが異なっているから、変動のパターンも変化しているのだが、変化しているところよりも類似性の方が目立つのだ。

株は、一方的に上がり続けたり、逆に一方的に下がり続けたりせず、ある決まったパターンで上がったり下がったりしていると言える。株式市場は、時間軸に沿ってどこを切っても同じ顔が見える「金太郎飴」と同じなのである。神の見えざる手は、株価変動が同じパターンになるように調節しているようなのだ。神は株で大儲けできないことを人間に教えているのかもしれない。

もっとも、株式市場の場合は、法律によるさまざまな規制やサーキット・ブレーカー（ストップ安とかストップ高など）のような証券取引所の介入があるため、人為的なコントロールが入っている可能性がある。つまり、株価のフラクタル性はひょっとして人間が作り出していて、純粋に神の見えざる手の働きとは言えないのかもしれない。なにしろ、株価が一方的に上がったり下がったりするだけなら、証券会社はいらなくなる。証券会社が生き残るためには株価を適当に上下させねばならない。ひょっとして、証券会社の陰謀で株価変動が操られているのかもしれない(そこまで疑う必要はないけれど……)。

　そこで、陰謀の入りにくい別の指標として、外国為替市場での交換レートが調べられた。日本では一九九八年以来、外国為替取引は完全に自由化されており、いつ、どこで、誰が、どのようなレートで通貨交換をおこなってもよくなったので、人為的なコントロールが入りにくいからだ。ときどき、円安で日銀が介入して円買いをしたなどと報道されるが、あれは見かけほど効果があるわけではない。なにしろ、為替取引で動いている金額は一日でおよそ二〇〇兆円にも達するから、もし本格的に円安が進行したら、日銀が一兆円くらい介入したとしても効き目がないからだ。ということは、今や外国為替市場は誰もがコントロールできなくなっていることを意味する。これをオープンマーケットと呼ぶそうだが、操っているのは神の見えざる手だけなのである。

　そこに目をつけて外国為替相場の変動が詳しく調べられるようになった。といっても、為替取引の報告の義務もなくなったので、詳細なデータが得られないのが難点らしい。動く金額の大きさといい、秘密取引も可能になっていることといい、今や為替取引は投機市場になってしまったことを示している。さて、人間の欲望が渦巻く為替市場で、神の見えざる手はどのような手品をおこなっているのだろうか。

　ディーラーは、為替投資家の顧客に対し、時々刻々、交換レートをコンピュータで知らせている。それを見ながら投資家は円やドルを売ったり買ったりしているそうだ。円・ドルの場合、交換レートは一日に一万回、つまり平均して七秒に一回変動するという。なんと忙しいことだろうか（これは二〇〇二年の執筆当時の変動時間間隔である。現在では一ミリ秒、つまり一〇〇〇分の一秒単位以下となっているらしい。しかし、以下の議論はそのまま成立する）。この円・ドル為替レートの時間変化を調べると、株価変動と同じ「自己相似性」が見られることが明らかになった。数分程度のレートの微変動も、一時間程度の上下変動も、一日の大変動も、基本的には同じパターンなのである。したがって、株価や為替変動のフラクタル性は人為的なものではないと考えてよさそうである。

その理由としては、一回一回のレートの変動が確率的（ランダム）に起こっているためとされている。これをランダム・ウォーク（あるいは酔歩）過程と呼ぶ。酔っぱらいが、右へよろけ、左へよろけしながら道を歩いているとき、歩いた距離に対しどれくらい道の真ん中からずれているかという問題と共通するからだ。この場合、右へよろけるのも、左へよろけるのも、同じ確率二分の一で、右か左かはランダムと仮定する。すると、酔っぱらいが道の真ん中から左右にどれくらい外れているかの確率分布を計算することができる。その結果は、道の真ん中を頂点とし、左右対称な釣鐘形の確率分布になる。これを「正規分布（あるいはガウス分布）」と呼んでいる。

このような分布を示す最も身近な例はコイン投げである。たとえば、一〇〇〇回コインを投げて表が出た回数を数え、それを一〇〇〇回繰り返すのである。そして、横軸に表が出る数をとり、縦軸にそれが何回あったかを図示すればどうなるだろうか。表が五〇〇回出た場合が最も回数が多く、表（裏）に偏って出る確率は偏りが大きいほど急速に小さくなることがわかる。むろん、表と裏を入れ替えても同じはずだから、五〇〇回を中心に左右対称の釣鐘形の正規分布になるのである。

為替の一回の売買ごとでのレート変動とその頻度を調べると同じ正規分布になる。レートが変わらない確率が最も高く、レートが大きく変動する場合は急速に少なくなり、同じ金額だけ上がる確率も下がる確率も同じように頻度は減っているのだ。為替レートの変動の確率分布がこのようになることは、経済学でとっくにわかっていたことである。先に述べた企業の成長力学についても、株価変動についても、旧来の経済学は同じことを述べてきたからだ。したがって、経済物理学なんて何も新しいことを発見しているわけではない、と経済学者たちは口を揃えて言っている。おそらく、経済学にずぶの素人である物理学者がずかずかと侵入してきたことに反発を感じたためだろう。

しかし、問題はそう単純でないことがわかってきた。「神は細部に宿りたもう」と信じる経済物理学者は、為替変動が示す確率分布が、わずかだが釣鐘形からずれていることを見つけたからだ。通常の釣鐘形の分布では為替変動幅が非常に大きい確率はほとんどゼロになってしまうはずなのに、現実に取引されたデータを調べると、その一〇〇倍以上もの頻度で取引がおこなわれているのだ。その頻度分布を図示してみると、釣鐘形分布の左右の端で裾が広がったスカートのような形になっているのである（株価の場合は、ストップ高とかストップ安などの証券取引所の介入で、非常に大きな変動は禁止されているので、このスカートの部分の取引は生じない）。さて、神はどんな仕掛けの手品をしているのだろうか。もっとも、スカートの形はニューヨークと東京の為替市場で異なっているから、神は場所と時間によって異なった手品を見せているらしい。

先のコイン投げの場合に釣鐘形の確率分布になるのは、コインの表が出るか裏が出るかの確率が二分の一であって、前回に表が出たか裏が出たかには関係していない。ランダム・ウォークについても、酔っぱらいが右によろけるか左によろけるかの確率は、前回によろけた方向には関係しないと仮定している。つまり、各回ごとの変化はすべて独立しており、表か裏か、右か左かはランダムであるとしているのだ。しかし、今や投機となってしまった為替取引で、ディーラーなり投資家なりは、毎回ランダム（気まぐれ）に売ったり買ったりしているのではなさそうである。必ず、交換レートのトレンドを読みながら売買しているに違いない。つまり、大きな為替変動が期待以上に生じるのは、相場変化の歴史性（時間的推移）が反映していると考えられるのだ。

ディーラーはどのような心理状態で為替売買をおこなっているか想像してみよう。ドルの売買をおこなうディーラーは、当然、一ドルが一二〇円以下になれば買い、一三〇円以上になれば売り、というような売買の目安となるレートを設定しているだろう。むろん、ディーラーは多数いて、それぞれが独自のレートを設定している。もし、それらが全部出揃って、各レートで売りが何人、買いが何人と数えられれば、ちょうど売りと買いがつり合うところでレートが決まるだろう。これを「仮想的均衡レート」と呼ぶ。「仮想的」とついているのは、ディーラーが各々の設定レートを発表するわけではないから、誰も知らないためだ。それを秘かに数えているのが神の見えざる手であるらしい。

一般に市場の実勢レートは仮想的均衡レートとは異なっており、それより高ければ売りが増えて実勢レートは下がり、低ければ買いが増えて実勢レートは上がる。つまり、実勢レートは仮想的均衡レートに近づくように変動すると考えられるのだ。そこで、ディーラーは、過去の実勢レートの動きから仮想的均衡レートを予測しつつ、次の売買のためのレートを設定し直している。つまり、ディーラーは、為替の売買を各回独立でランダムにおこなっているのではなく、過去の実勢レートの動きに影響されているのである。たとえば、実勢レートが下がる傾向にあれば、仮想的均衡レートは実勢レートより安いと考えられるので、自らの設定レートも下げて次の売買に参加するだろう。このように、ディーラーは各回ごとに売買のレート設定を変えているから、仮想的均衡レートそのものも変化していくことになる。

このような効果を考慮すれば、為替レートの大きな変動が起こる確率が増え、その分布が釣鐘形に裾の広がったスカートがくっついたような形となることが示された。一般的に言えば、過去の為替変動の影響に市場があまり左右されないと、本質的に毎回独立でランダムな売買をしているのと同じであり、変動幅そのものも小さい。これは安定した状態と言える。しかし、国家の経済状態が悪化したり、みんなが揃って土地転がしに狂奔するような場合、市場の反応は非常に敏感になる。ちょっとした変動なのに、過剰に反応してしまうのだ。その結果、大きな変動が引き起こされて、バブルになったり、大暴落が起こったり、激しく乱高下したりするのである。

たとえば、日本経済が悪化している場合に、円を持っていると価値が下がるおそれがあるので、円売り・ドル買いをしたいと思っているディーラーが多くいる。すると、ドルの値段が上がり円安になる（一ドルあたりの円の値段が高くなる）傾向にあり、仮想的均衡レートは円で言えば高くなるのだ。それに引きずられて実勢価格も上がるから、多くのディーラーは円を買う価格設定も上げるだろう。そのため、ますます仮想的均衡レートが上がることになる。その結果、いっそう実勢レートが上がり、ずんずん円安が加速されていくのだ。このとき、もし多くのディーラーが日本経済の先行きを悲観的に見ているとすると、ほんの少しの円安でも過剰反応して大量の円売りをし、円の大暴落を招いてしまう可能性も否定できない。

これが経済物理学の為替変動に対する予言である。むろん、まだまだ単純なのでそのまま信用するわけにはいかないが、本質的な部分を私でもわかるような簡単な議論で導き出しているのはおもしろい。為替取引の例では、神の見えざる手は仮想的均衡レートに当たる。デイーラーの売りと買いの思惑を積分して、それがちょうどつり合ってゼロになる「臨界点」のことだ。為替実勢レートは常に仮想的均衡レートに近づこうとするように、人間世界は神のいる臨界点にひたすら接近しようとしていると言えるかもしれない。しかし、臨界点は人間の思惑の総積分によって決まっていることを忘れてはならない。つつましく自立して生きている限りは、臨界点の周辺付近で安定した小さい変動に収まっているが、世間の動向に過剰反応すると、臨界点に近づくことなく大変動になってしまうからだ。神の見えざる手の働きとは、つまるところ人間の浅ましい思惑を反省させることなのかもしれない。

第八章　神は老獪にして悪意を持たず

宇宙論の危機

私たちには、確固として揺るぎないように見えるものが、ちょっとした綻びからみるみる崩れていく場面を見ると、なにやら快哉を叫びたい気持ちになる。あるいは、それを期待するような気持ちをいつも抱いている。昨日まで威張っていた大金持ちが破産したり、常勝自民党が地方選で大負けしたりすると、つい拍手したくなる心境である。科学の理論についても同じで、確立しているはずの標準理論が疑わしいとなれば、それまで標準理論に忠実であった人が、くるりと態度を変えてにわか革命家に変身する。といってもたいていは、ガセネタか、事実誤認で、そのうちに革命騒ぎは終わってしまい、誰もが知らん顔をして保守派に戻ることになる。科学者は、おしなべて日和見主義者でもあるのだ。

そのような革命騒ぎがよく起こるのが宇宙論（と生物進化論）で、しばしば新聞紙上に「宇宙論の危機」という文字が躍る。それまでの理論で予見していなかったことが発見されたり、一見すると理論と矛盾する観測事実が発表されたりした場合である。あたかも、神は、科学者の心を試すがごとく、難題を持ち出して挑戦してくるのだ。頭を冷やしてよくよく吟味すれば、必ず見落としがあって「宇宙論の危機」と呼ばれるほど大げさな問題ではないことがわかるのだが、神の挑戦とあれば受けて立とうとばかり、こちらも力んで神の仕掛けた罠にはまってしまうのだ（何であれ、革命家を気取って切り貼り細工の理論をでっちあげれば、論文数が増えるという現世的な利得に目が眩んだ、というのが実際のところだが。これでは、怪しげな宗教に走る人間を笑うことはできない）。

かつては、宇宙論という分野は、「功成り、名を遂げた」学者が研究する分野であった。まだ宇宙に関する情報が少なかったため、難解な数学を駆使して厳密な理論を展開するのが主な仕事で、論文数が稼げないこともあって、凡百（ぼんぴゃく）の研究者の立ち入るべき分野ではなかったのである。それだけに、「宇宙論の危機」などという浮薄な騒ぎもほとんどなかった。

ところが、五〇年ほど前から、人工衛星が飛び交い、大望遠鏡が建設され、ハイテクを駆使した観測装置が整備されて、宇宙に関する情報が続々と集まるようになった。いわば、宇宙論も実証科学の仲間入りをしたのだ。私ごときの「功成らず、名遂げず」の研究者でも、大きな顔をして宇宙論に参入する時代を迎えたのである。そうなると、「宇宙論の危機」が頻繁（ひんぱん）に訪れることになった。その多くは、不充分な観測結果を過大に解釈したり、すべてを考え尽くしたわけでもないのに熟考したと錯覚して考え落としがあったり、従来の常識の枠に囚われて広く想像できなかったりで、科学者の早とちりが「宇宙論の危機」を招いたのである。老獪な神は、傲慢になりがちな科学者をたしなめるために、ときどき難問を持ち出しているだけで、けっして悪意からのことではないのである。以下に、宇宙論の歴史をたどりながら、訪れた「危機」がどんなものであったかを振り返ってみよう。

宇宙は地球より若い？

神の領域であった宇宙論が、神の座を狙う科学者のものになった記念すべき最初の年は、一九一七年であった。この年、アインシュタインが宇宙を記述する方程式を発表し、宇宙論を科学の仲間に引き入れたのだ。しかし、神への尊崇を抱き続けていたアインシュタインは、神の名にふさわしい永久不変の宇宙を作り出すために、自らの宇宙方程式に余分の項を付け加えねばならなかった。でなければ、宇宙は、膨張するか、収縮するかのいずれかになってしまうからだ。そのような運動する宇宙は、有限の存在でしかない。膨張しているならばサイズがゼロのときから有限の時間しか経っていないし、収縮するなら有限の時間で潰れてしまう。汲み尽くせぬ神には無限がふさわしく、じたばた動かない神には静かに永遠の時を刻む宇宙が似つかわしい、と考えたのだ。そこで、アインシュタインは、根拠が不明な新しい項（「宇宙項」あるいは「宇宙斥力」と呼ぶ）を付け加え、むりやり宇宙が動くのを止めようとした。まさに、「あらまほしき」あるいは「あるはずの」宇宙を手で作ってしまったのだ。

宇宙項のような余分な項を入れない宇宙方程式を正しく解いたのがロシアのフリードマン

で、彼は膨張する宇宙を計算によって示し、慧眼にも、「宇宙は『無』から誕生したこと」と「宇宙の年齢は一〇〇億歳程度であろう」という二つの予想をした。一九二二年のことである。これらのフリードマンの予想は、六〇年後、その正しさが証明されることになったが、さて、神に忠実であったのは、アインシュタインだろうか、それともフリードマンだろうか。

実際に宇宙が膨張していることを観測によって証明したのは第四章でふれたアメリカのハッブルで、一九二九年のことであった。ハッブルは、ウィルソン山天文台の口径二・五メートルの望遠鏡を使って、銀河までの距離と視線方向の速度を測っていた。その結果、周辺の銀河のほとんどが私たちから遠ざかっており、遠ざかる速さが距離に比例していることに気がついた。この観測結果は、二通りの解釈が可能である。

一つは、私たちは宇宙の中心におり、この中心から銀河がいっせいに、いろいろな速度で飛び出していったとする解釈である。速度が大きい銀河ほど遠くまで到達できるから、銀河までの距離と速度は比例関係になることがすんなりと導かれる。しかし、この解釈は、せっかくコペルニクスが人間を宇宙の中心から引き離してくれたのに、再びアリストテレス流の人間中心主義に舞い戻ってしまうという難点がある。神がこの地球に住まいたもうとか、私たちを中心にして宇宙が動く、というような傲慢な思想を反省した人間が採る解釈ではないだろう。さすが二〇世紀ともなると、このような解釈に引きずられることはなかった。

もう一つは、アインシュタインの宇宙方程式から導かれる解釈で、銀河は宇宙の各点に固定されていて、空間そのものが一様に膨張しているとすれば、距離と遠ざかる速さの比例関係が成立する、というものだ。

ゴム風船にマジックペンで黒点を書き、風船を膨らませてみよう。黒点は銀河に対応し、私たちもこの黒点の一つに住んでいるとするのだ。黒点から周りを見渡すとどう見えるだろうか。風船が膨らむにつれて、他の黒点すべてが私たちから遠ざかってゆくように見えることは容易に想像できるだろう。黒点はマジックペンで書かれたものだから、風船の上を動くわけではない。風船のゴムが伸びるために、黒点が互いに遠ざかるように見えるのだ。さらに、遠ざかる速さが距離に比例することも簡単にわかる。はじめ一センチ離れていた黒点が二センチのところまで風船が膨らんだとき、はじめ二センチ離れていた黒点は四センチのところにあるだろう。全体が相似形（風船の場合は球形）を保つように膨張するためである。そのため同じ時間内に、はじめの黒点は一センチ遠ざかり、もう一つの黒点は二センチ遠ざかったように見える。こうして、遠ざかる速さが距離に比例していることがわかる。そして、この関係はどの黒点から見ても同じように成立するから、私たちは、宇宙の特別な存在ではないことも納得できるだろう。

ハッブルの観測によって、アインシュタインの宇宙方程式の予言通りに、宇宙空間が膨張していることが発見された。これを聞いたアインシュタインは、宇宙項を付け加えて宇宙をむりやりに止めようとしたことを「生涯最大の失敗」と言ったそうだ。実際、自らの方程式に忠実であれば、膨張宇宙の理論的予言をフリードマンにさらわれることがなかったのだから。とはいえ、後に述べるように、彼が導入した宇宙項は、最近の宇宙論では大手を振って活躍している。「天才の失敗は凡才にとっての飯の種」と言えないでもない。ならば、天才には失敗をしてもらわねばならないのかもしれない。

宇宙膨張の発見によって宇宙論は確固たる観測的根拠が得られたのだから、研究が大いに進んだかと思いきや、意外にも宇宙論は、ハッブルの発見後二〇年近くもの長い停滞期を迎えることになった。その理由の一つは、移ろい変化する頼りない宇宙になってしまったためかもしれない。神は宇宙に最初の一撃を与えただけで、その後は何もしなかったというラプラスの悪魔（第二章参照）の予言通りになり、宇宙そのものの神秘性が薄れてしまったからだ。それに比べ、一九二九年当時には、量子論が大いに流行し（量子論が確立されたのは一九二五年）、ミクロ世界の思いがけない法則（確率論）が次々と明らかにされている最中であった（第四章参照）。科学者も流行には弱い。サイコロ遊びに熱中する神の後を追いかけるのに精一杯になり、宇宙に関心を失ってしまったのだ。

しかし、これは皮相な解釈かもしれない。実際のところは、前述したハッブルが発見した銀河までの距離と遠ざかる速さの間の比例関係から宇宙年齢を計算すると地球の年齢より短くなってしまい、とても膨張宇宙は信用できないというムードになってしまったからだ。膨張宇宙の出発点で「宇宙論の危機」に襲われたのである。

ハッブルの法則から、以下のように宇宙年齢を見積ることができる。最も簡単には、遠方の銀河までの距離を、遠ざかる速さで割ればよい（遠ざかる速さは距離に比例するから、どの銀河を使っても答は同じになる）。こうして求めた宇宙年齢は、宇宙の開闢以来ずっと現在の速さで膨張を続けて、現在の距離まで到達する時間として求められる。これを「ハッブル時間」という。実際には、宇宙膨張の速さは、万有引力のためにブレーキがかかり、時間とともに遅くなっているとするのが通例である。昔の方が膨張が速かったのだ。そのため、宇宙の年齢はハッブル時間よりやや短い。このブレーキ効果を考慮すれば、宇宙年齢が正しく求められるが、ハッブル時間で代用しても結論が変わることはない。

この方法で年齢を計算してみると、一九三〇年当時、宇宙は一八億歳となった。ここでたちまち矛盾が生じてしまった。その頃には既に、寿命の長い放射性同位元素を利用して、岩石の年齢を何十億年という長さまで測定できるようになっていた。そして、地球上の最古の岩石は、固まってから三〇億年を経過していることが既にわかっていたのだ。それが正しいとすると、「地球より宇宙の方が若い」ことになってしまう。神が最初の一撃を与えた宇宙より、地球の方が先に生まれたことにはなりえないはずである。膨張宇宙論は、そもそもの出発点で宇宙年齢の問題に躓（つまず）いたのだ。そんなあやふやな宇宙論は敬遠しよう、それがおおかたの物理学者が採った道であった。神は老獪にも、宇宙年齢をごまかして、サイコロ遊び

（量子力学の世界）に皆を引き連れようとしたのかもしれない。

「危機」の原因はどこにあったか？

宇宙の方が地球より若いという「宇宙論の危機」が生じた原因はどこにあったのだろうか。やや煩雑だが、ハッブルが採った方法を整理しておこう。実は、現在もなお九〇年前と同じ処方を使っているからだ。

天文学で最も難しい問題は、天体までの距離をどう決定するかである。たとえば、私たちの銀河系の外、何十億光年も離れた銀河までの距離を正確に測る方法はまだ知られていない。せいぜい、五億光年くらいの銀河までの距離を、大きな不定性付きでしか測れていないのが現状である。私たちは、大スケールの宇宙について、ピンボケでしか見ていないのだ。

ハッブルの宇宙膨張発見の背景には、一〇〇〇万光年くらいの銀河までの距離決定法の発見があった。私たちの銀河系には星が一〇〇〇億個も集まっているが、その中には明るさが規則的に変化する星――変光星――も多数ある。そのような変光星のあるタイプのものは、変光の周期と明るさ（絶対光度）の間に簡単な関係が成り立っていることがわかった。いわば、規則的に明かりが点滅している灯台があって、点滅の時間間隔と使っている灯火の明るさ（ワット数）との間の規則があらかじめ決められていると考えればよい。漆黒の深夜、灯台の明かりの点滅間隔を測り、規則表を使って灯火の明るさを調べる。そして、灯台からやってくる単位面積あたりの光の量（ルクス）を比べると灯台までの距離がわかることになる。これと同じで、変光の周期を測り、周期―絶対光度関係から星の明るさを決める。これと見かけの明るさを比較すれば、その星までの距離がわかる仕組みである。星は気まぐれに変光しているのではない。思わぬところにヒントが隠れていたのだ。

絶対光度が決定できる変光星は、別の方法で距離が測れる天の川にある星だけである。そこで、遠くの銀河に同じタイプの変光星を見つけ、天の川にある変光星と同じ周期―絶対光度関係に従っていると仮定することにより、遠くの銀河までの距離が決定できる。私たちの天の川に見える星が特異のものとは考えられないからである。

一方、銀河が遠ざかる速さは、その銀河からやってくる光のずれから求める。遠ざかる光源からの光は赤い方にずれ、そのずれの量は遠ざかる速さに比例することが一九世紀中頃には知られていた（「ドップラー効果」）。光のずれを測定するためには、光をさまざまな波長に分ける必要がある。これを「分光（あるいは、スペクトル）観測」というが、三角形のプリズムで太陽の光を七色に分けるのと似ている。銀河のドップラー効果を検出するためには、光を一〇〇〇色くらいに分ける必要があり、大望遠鏡を使っても長時間の観測をしなければならない。

ハッブルは、遠方の銀河に変光星を探しだし、周期と見かけの明るさを測定していった。同時に、同僚のヒューメイソンがドップラー効果による光のずれを測定した。ヒューメイソンは、ウィルソン山天文台に食物や観測器具を運ぶ馬車の御者をしていた人である。用が終わった後に観測の手伝いをしているうちに、その器用さと根気強さを買われて天文台に雇われたという。なにしろ、当時では同じ銀河に望遠鏡を三〇時間も向け続けねばならず――一晩で観測できるのはせいぜい五時間程度だから、一週間ぶっ通しで毎晩同じ銀河を追いかけねばならない――実に苦労の多い観測なのである。ヒューメイソンは、それを見事にやってのけた人だが、御者であったせいか初期の経歴はいっさい知られていない。彼の一途な観測ぶりに感銘をうけた神は、宇宙の秘密の一端を明かしたのかもしれない。

これらの観測により、銀河までの距離と遠ざかる速さを独立に決めることができた。こうして宇宙が膨張している証拠が見つかったのである。しかし、これから求めた宇宙年齢があまりに短すぎる。さて、これまでの手続きのどこがおかしかったのだろうか（むろん、この手続きに問題はなく、拠って立つ理論や宇宙モデルが間違っている可能性もある。これについては、後に述べる）。

結局、銀河までの距離を測る方法に問題があったことが、それから二〇年以上経った一九五〇年代にわかった。変光星の周期―絶対光度関係は一つではなかったのだ。同じ周期でも、天の川のなかに見える変光星は、天の川から外れた変光星の二倍も明るい。遠くの銀河で見つけた天の川から外れた暗いタイプなのに、変光星は天の川のなかのものと同じ明るいタイプと同じであると仮定していたのだ。つまり、光源の絶対光度（真の明るさ）を二倍大きく仮定していたことになる。正しい値を使うと、距離は一挙に二倍になり、宇宙年齢も二倍の三六億歳に伸びた。これでようやく地球の年齢と折り合えるようになった。矛盾の解決に二〇年もかかったのだが、神は手の込んだ仕掛けで人間を翻弄しているとも、人間の考えはあまりに単純に過ぎたとも言えそうな最初の「宇宙論の危機」であった。

以後、観測の精度が上がり、現在では、宇宙の年齢は一三八億歳程度と考えられている。四六億歳と推定される地球の年齢に比べて三倍近くも長くなり、地球と宇宙年齢の矛盾は完全に解決された。しかし、地球を生んだ天の川銀河の年齢との矛盾が再び難問として持ち上がり、再度「宇宙論の危機」を迎えることになった。

宇宙は銀河より若い？

この宇宙が「銀河宇宙」と呼ばれるのは、宇宙に存在する物質が銀河という形で集まって輝いているためである。いわば、銀河が宇宙の主成分なのだ。では、いつごろ、銀河はこの宇宙に誕生したのだろうか。宇宙が生まれてすぐなのか、それともかなり時間が経ってからのことなのか。現在のところ、その最終解答は得られていないが、おおかたは宇宙の初期のころと考えている。つまり、銀河の年齢は宇宙年齢よりは短いが、そう大きくは異ならないだろうと予想している。地上の生きものだって、旧約聖書によれば天地創造からたった六日間で創られたのだから、似たようなものではないか、と。

銀河の年齢の測りかたはいくつかある。一つは、一〇〇億年くらいの寿命を持つ放射性同位元素（ウランやトリウム）を利用する方法だ。銀河誕生直後に作られたと思われる古い星に、これらの元素がどれくらい存在するかを測定すれば、その星の年齢を知ることができ、少なくとも銀河の年齢はこれよりは長いと考えられる。二〇〇一年になって、チリのアンデス山脈に建設されたヨーロッパ南天天文台の口径八メートルの巨大望遠鏡を使った結果が報告され、銀河の年齢は一二五億歳程度であろうと推定された。一三八億歳程度の宇宙年齢と矛盾しない値である。

もう一つは、古い星の年齢を理論モデルで計算する方法だ。現在、星の寿命については、ほぼ理論的に解明できたと考えられている（この過信が危険なのだ！）。それによると、星の寿命はほとんど重さで決まっており、重い星は寿命が短く、軽い星は寿命が長い。太陽の寿命は約一〇〇億年だから宇宙年齢に近く、太陽より軽い星は宇宙年齢より長い寿命を持っている。そこで、銀河誕生直後に形成されたと思われる太陽より軽い星の年齢が計算できれば、銀河の年齢が推定できるだろう。

その格好の対象として、さまざまな重さの星数万個以上が、星団として同時に生まれていることに眼をつける。星団が誕生してから時間が経つにつれ、重い星から寿命が来て姿を消してゆく。そこで、星団中の星のうち、重さが最も大きい星の質量を求め、その寿命を理論モデルから計算する。これによって星団の年齢がわかることになる。そして、それらの星団のうち最も古いものを探すのだ。地球の年齢を最も古い岩石の年齢から推定するのに似ている。

銀河の年齢は、最古の星団の年齢より長いことは確実だ。これによると、銀河の年齢は約一三〇億年と推定される（誤差は、プラス・マイナス一〇億年である）。このような銀河の年齢の決定法には曖昧さが少なく、誰が計算してもこの二〇年くらいほとんど変わりがない。だから、一九九〇年代に宇宙年齢を一五〇億年程度と見積っていた限りでは問題はなく、宇宙論者は安心していた。しかし、最新のハイテク技術が、太平の眠りを破ったのだ。再び、「宇宙論の危機」が勃発したのである。

現在、口径二・四メートルの望遠鏡が私たちの頭上を飛んでいる。「ハッブル宇宙望遠鏡」と名づけられた空飛ぶ天文台である。この望遠鏡を使うと、五〇〇〇万光年も離れた銀河にある変光星を一個ずつ分離して観測できる。以前に比べ、ずっと遠くの銀河まで距離が精度よく決定できるのだ。この結果を使ってハッブル時間を計算すると、一〇〇億年くらいにしかならなかった（一九九四年の結論）。宇宙の正確な年齢はハッブル時間より短いから、銀河の年齢は一三〇億年と推定されており、「宇宙は銀河より若い」ことになってしまった！　神は、最初の一撃を与えた時期を隠して明かさず、何度も私たちの頭を抱え込ませるのである。その解決法は、さまざま提案されているが、それに立ち入る前に、現在の正統派の宇宙論であるビッグバン宇宙のエッセンスを紹介しておこう。キリスト教や既存仏教のように、ビッグバン宇宙論はれっきと確立して多くの信者を集めてはいるのだが、今やキリストの末裔や釈迦の生まれ変わりを僭称する新宗教や新々宗教が乱立しており、「宇宙論の危機」に救いの手を差し伸べようとしているからだ。

「光あれよ」――ビッグバン宇宙

ビッグバン宇宙の提案者は、ロシアからアメリカに亡命したジョージ・ガモフで、一九四七年のことであった。ガモフは、原子核の確率的な崩壊過程というような神のサイコロ遊びに付き合いながらも、学生のころにロシアで講義を受けたフリードマンのことが忘れられないでいた。せっかく宇宙膨張が発見されたというのに、フリードマンの二つの予言を検証するような研究がなされないまま忘れ去られようとしていたからだ。そこで思い切って、膨張宇宙で何が起こったかを調べることにした。神のサイコロ遊びに疑問を感じたのかもしれない。なにしろサイコロ遊び（量子論）から原爆が飛び出してくる始末だから、さて神の真意はどこにあるのだろうかと、疑いを抱く心境になったのではないかと私は推測している。神の御心を知るのは宇宙しかない、と。

宇宙が現在膨張しているなら、昔の宇宙はもっと小さかったはずである。もっと昔はどうであったのだろう。ここで物理学原理主義者たるガモフは、宇宙の始まりという極限にまで想像を展開することにした。宇宙の始まりでは、すべての物質は一点に集まってしまうから密度は無限に高い。また、物質をぎゅうぎゅうに狭いところに詰め込めば、温度も無限に高くなるだろう。とすると、宇宙は高温度・高密度状態から出発したことになる。まさに、爆弾が爆発したときの状態に似ている。その極限状態では、物質の構造はすべて壊れてしまっているだろう。しかし、今見ている宇宙にはさまざまな構造が階層的に存在している。ならば、宇宙が爆発的に始まって膨張を続けるなかで、原子核から原子、原子から銀河、そして星などの構造が生まれてきた、と考えざるをえない。現代物理学ふうに言えば、宇宙は膨張するなかで、神の助けなしに自己組織化してきたのだ、と。

ガモフのアイデアが発表されたのは一九四七年だったが、このアイデアを聞きつけたのがフレッド・ホイルというイギリスの論争好きの人物であった。ホイルは、他人の理論に文句をつけるのが得意であり、かつ異端の説を好むという性癖もあった。当時彼は、宇宙が地球より若いという矛盾に対して、宇宙は永久不変とする定常宇宙論を提唱していた。「大英帝国よ、永遠なれ」と言わんばかりの理論である。それに対して、ガモフの説は有限年齢の宇宙であり、彼の説と真っ向から対立する。そこでホイルは、ラジオ放送で宇宙論を解説する機会があったとき、ガモフの説を「ビッグバン」と言って揶揄したのだった。「ズドンだな」とか「大口を叩く」という意味で使った言葉のようだが、世間にはそのようには受け取られなかった。というのも、ガモフの理論は大爆発に似た状態で宇宙が始まったことを主張しており、ホイルの表現は的確にガモフ説を紹介したことになってしまったからだ。以来、ガモフの説はビッグバンと呼ばれるようになり、心ならずもホイルはその名付け親になってしまった。優れた天体物理学者だけに留まらず、ＳＦを書いたり、ストーンヘンジの謎を解いたり、生命の地球外起源論を提唱したりしたホイルは、女王陛下から貴族の称号を得たが、同僚と衝突して五〇代であっさり大学を辞めるという経歴を持っている。そのような多才な人間であればこそ、図星のネーミングもできたのだろう。

ところで、ガモフは、自己組織化によって宇宙の諸々の構造が形成されてきたと、神の助けを必要としない宇宙論を提案したつもりだったが、皮肉にもビッグバン宇宙論に神を発見することになってしまった。というのは、温度を持つ物質はすべて光を発している。これを「熱放射」というが、温度が高ければ高いほど熱放射は強くなる。宇宙の初期は非常に高温状態であり、そのとき発せられた熱放射は、物質のエネルギーをはるかに上まわっていたことになる。ビッグバン宇宙は光溢れる状態として始まったのだ。まさに、「光あれよ」で宇宙が創成され、やがて天と地（宇宙の構造）が現れた、とする旧約聖書の記述と同じ筋書きなのである。そして、実際にビッグバン宇宙を証明する直接証拠が、宇宙のはじめに満ち満ちていた光であった。この宇宙を一様に満たす光は、宇宙の膨張とともにエネルギーが下がり、現在では絶対温度が三度の熱放射となっている。この熱放射が一九六四年にアメリカのペンジアスとウィルソンによって発見され、ビッグバン宇宙が確立したのである。神が発せし光に導かれてビッグバン宇宙を発見することができた、とは言い過ぎだろうか。

ビッグバン宇宙にも何度かの「危機」はあった。一つは、宇宙における銀河分布を調べると、数億光年にわたって巨大なネットワーク構造となっていることがわかってきたが、さてそんな巨大な構造がどのようにして形成されたのかが問題となった。また、そもそも銀河が誕生するためには、私たちの知っている物質以外に、ダークマター（暗黒物質）と呼ぶ宇宙の黒子が必要であることも明らかにされている。ところが、私たちは、ダークマターについて何の手がかりも得ていないのである。しかし、それらは、まだ私たちの知恵が足りないだけで、ビッグバン宇宙論の危機とまで言えるくらい差し迫った問題ではない。「矛盾」として現れているわけではないからだ。やはり、宇宙の方が銀河より若いという矛盾こそ、ビッグバン宇宙に突きつけられた短刀なのである。

ハッブルの時代に比べると、観測的にも理論的にも、宇宙や銀河の年齢決定法は格段に進歩してきた。疑うべき観測上の誤差や理論上の不定度は小さいのだ。それだけに、当面している矛盾はいっそう深刻だと言える。さて、どう考えるべきなのだろうか。ここでは、根源的な疑い、つまり既存の理論や原理を疑う立場を紹介しよう。伝統的な神には退場願って新宗教に走ろう、というわけである。

定常宇宙論教

一九四〇年代、宇宙の方が地球より若いという矛盾に直面して、ホイルをはじめとするイギリスの紳士たちが定常宇宙論を提案した。宇宙は永久不変である、と主張したのだ。であれば、そもそも宇宙年齢は無限であるから、矛盾なんか起こりっこないことになる。永久不変の宇宙論は、アリストテレス以来の伝統があり、ニュートンやアインシュタインも支持し、ビッグバン宇宙論と同じころにホイルらによって定式化されたから、必ずしも新宗教とは言えないかもしれない。しかし、宇宙の膨張という、永久不変の宇宙を否定するかにみえる観測事実が確立した時代において、なお宇宙は永久不変と主張し続けるのだから、伝統とは手を切った新宗教に分類されてしかるべきだろう。

宇宙は永久に不変とする定常宇宙論であっても、宇宙が膨張していることを無視するわけにはいかない。すると、空間が膨張して大きくなった分だけ物質の密度が下がるから、宇宙の姿は刻々と変化することになってしまう。「不変」ではけっしてありえないのだ。そこで、奇妙な仮定を置かざるをえない。物質が真空から生成され供給されるとするのだ。その結果、宇宙が膨張しても密度は常に一定に保たれ、宇宙の姿は変化しないようになっている、というわけである。この場合の真空からの物質生成は、宇宙誕生時の「無」からの物質創成と同じではない。あの場合は、空間がプランクの長さにまで小さかった時代の物理過程であり、ありえないことではない。

ところが、ホイルたちは、この通常の空間から物質が滲み出す（「無」から「有」を生み出す）と仮定するのだ。そのような物理学は未だ知られていないが、完全に否定もできない。私たちは、すべてを知り尽くしているわけではないからだ。このあたりがホイルの面目躍如たるところで、たとえ奇想天外であっても、それを完全に否定する（確立した物理法則と明らかに矛盾する結果が導かれる）ことがなければ、あっても構わないことになる。

ビッグバンで始まったとする進化宇宙論がさまざまな証拠を得て正統派を誇っている現在だが、ホイルは、二〇〇一年に亡くなるまで、なお定常宇宙論の論文を書き続けていた。この執念たるや脱帽すべきだが、若者はついてゆかない。教祖は元気溌剌だが若手の信者がいないのだ。御利益がない、つまり、定常宇宙論ではまともな論文が書けず、従って研究職にありつけないためである。はたして、そのような世俗的な料簡で科学の立場を選ぶのが正しいのかどうか大いに疑問はあるが、物質生成の仮定の下で論文を書いて、ちゃんとした学会誌に印刷されるのはホイル一派くらいなのである。一派と呼ぶのは、他に「功成り、名遂げた」数人の同調者がいるためだ。かれらは、ビッグバン宇宙論に走る若者をいじめるために、敢えて定常宇宙論に固執している気配がある。不良老人が「近代の超克」とばかりに、論争を仕掛けては入信を勧誘していると言える。とはいえ、ビッグバン宇宙を捨てて入信するほどの勇気は、私にもない。

宇宙項教

アインシュタインが最初に宇宙モデルを提案したとき、永久不変の宇宙を造り出すため、根拠不明の宇宙項を付け加えたことを先に述べた。この項は、斥力となっていて、宇宙膨張を加速するように働く。これに対し、万有引力は宇宙膨張にブレーキをかけるから、ちょうどこれら二つの力がつり合えば、運動しない静かな宇宙となるだろう。その微妙なバランスをアインシュタインは狙ったのだが、このように無理矢理二つの力をつり合わせた宇宙は、不安定であることが後にわかった。どちらか一方の力がほんの少しでも勝ると、宇宙は一方的に運動を開始するからだ。かつ、実際に宇宙膨張が発見されたので、もはやアインシュタインの静止した宇宙は捨てられた。しかし、宇宙項を付け加える効用まで捨てる必要はない、というのが宇宙項教という名の新宗教である。といっても、その教祖はルメートルというベルギー出身のれっきとしたカトリックの神父であった。「宇宙項の出自が不明であるからといって排除してはいけない、すべてを受け入れようではないか」という、キリスト教的博愛精神に溢れた宗教改革の動きと言えよう。

宇宙が小さい間は万有引力が卓越していたから宇宙項の効能はない。しかし、宇宙が膨張によって大きくなるにつれ、物質の密度が下がり、銀河間の距離も遠ざかっていくので、万有引力は弱くなっていく。これに対して、宇宙項は宇宙のサイズとは関係なく常に一定と仮定されているので、宇宙が大きくなると、相対的に宇宙項による斥力が卓越するようになる。すると、この力によって宇宙膨張が加速される（より速くなっていく）から、現在よりも昔の方が膨張速度が遅かったことになる。そのため、ハッブル時間で求めた年齢より宇宙年齢は長くなるのだ。

新幹線を例にとってみよう。列車が今、静岡あたりを、時速二〇〇キロで西に走っているとしよう。この列車が東京を出発した時刻は、どれくらい前だろうか。大まかには、静岡と東京間の距離を、現在のスピードで割った時間で見積ることができる。これがハッブル時間に対応する計算の仕方である。実際には、列車のはじめのスピードはゼロで、加速しながら時速二〇〇キロになったはずである。そのため、スピードが二〇〇キロのままとして求めたハッブル時間より前に東京を出発していなければならない。これと同じで、宇宙項を付け加えて膨張が加速しているようにすると、宇宙年齢を長くすることができるのだ。宇宙項の大きささえ調節すれば、お気に入りの宇宙年齢とすることが可能である。なにしろ、宇宙項の出所は不明なのだから、どうとでも取れるのだ。

宇宙項の出所は不明だが、定常宇宙論での真空からの物質生成ほど怪しげではない。ある種の物理理論では、宇宙斥力を捻り出せるからだ（といっても、その理論が正しいと証明されているわけではない）。宇宙項教は、かのアインシュタイン大先生が教祖なのだから、何をためらうことがあろうか、とりあえず信じる（ふりをする）ことにしよう。そうすれば論文数が稼げるという現世の御利益がある。アインシュタインの失敗によって、われわれは論文が書け、飯の種とすることができるのだ。アインシュタイン様様（さまさま）である。宇宙項の出所がわからないところが特に都合よい。好きなだけ調節して、お好みの宇宙を造ることができるからだ。以下に見るように、宇宙項教は、宇宙年齢以外でも多くの御利益があるので、今や既成宗教として確立していると言える。

これまでのところ、宇宙項は、なぜか宇宙論にとって都合がよく働いてくれる。その一つは、いくつかの観測によって、この宇宙空間の曲率はゼロ（平坦）であるらしいことがわかってきた。ところが、私たちがよく知っている物質と、ダークマターという、これまた出所不明の物質を加えてみても、宇宙の曲率はゼロになってくれない。これに、宇宙項を加えると、宇宙の曲率はぴったりゼロとなり、平坦な宇宙を造り出すことができるのだ。また、遠くにある銀河で爆発した超新星の見かけの明るさと距離の関係を調べると、宇宙項の働きで宇宙膨張の速さが徐々に大きくなっているとした方が観測結果を精度よく再現できることもわかってきた。他にも、観測によって得られた遠方の銀河の数と距離の関係でも、宇宙項がある方に軍配が上がるのだ。なんだかよいことずくめである。宇宙項教は、ありあまる御利益を授けてくれるのである。

しかし、宇宙項の出所が不明という欠点は、喉に突き刺さったトゲとして、天文学者の居心地を悪くさせているのも事実である。わけのわからない項を持ち込んで説明できても、本当に理解できたことにはならないからだ。気とか霊が物を動かすというほど荒唐無稽ではないが、実体が明らかでないものに原因を押し付ける手法と似ていないでもない。アリストテレスが、重い石ほど早く地面に行きたがるから軽い石より速く落ちる、と宣ったのと本質的に変わらない説明とも言えよう。だから、なるべく出所不明な宇宙項に頼りたくないのが科学者の本音である。とはいえ、これほど御利益があるのなら、ひょっとして本当の神かもしれない、と心は揺れるのだ。

そのようなジレンマがまとわりついているせいか、宇宙項は、宇宙論者が困ったときに重宝がられ、やがて不要となって捨てられる、という歴史をこれまで何度も繰り返してきた。「困ったときの宇宙項頼み」なのだ。まさに宇宙項教と呼ぶにふさわしいのだが、教祖であるアインシュタインは、信者のこの浮薄さに呆れているのではあるまいか。自分はあっさり失敗だと認めて棄教したというのに、弟子どもはいつまでもフラフラしているのだから。もっとも、宇宙項教の御本尊は神であって、浮気な科学者の信仰心を試しているという考えも成り立つ。ならば皮肉にも、神の本性は宇宙項と同じく、惹きつける（「引力」）でなく、突っ張る（「斥力」）になってしまうのだが。

へそ曲がりの私は、今や宇宙項教が大隆盛であることに苦々しい思いを持っている。というのは、あまりに御利益があり過ぎると、かえって怪しいと思う癖が身についているからだ。むろん、人間世界の出来事と宇宙のありようとはまったく関係がないことは重々わかっているつもりだが、御利益に足をすくわれる人間の心理は共通していると思うのだ。

私が心配しているのは、この宇宙の組成で私たちが知っている物質はたかだか五パーセントに過ぎず、二五パーセントはダークマターと呼ぶ暗黒に潜む物質に押し付け、残りの七〇パーセントを出所不明の宇宙項に担わせようとしていることである。これに「暗黒エネルギー」という曰くありげな呼び名がつけられた。つまり、宇宙の九五パーセントまでの成分についてはダークで知らないまま、宇宙の年齢や構造を論じているのだ。御利益ばかり求めてきたら、知らない間にわけのわからないものばかりに取り囲まれている、というわけである。

さて、こんな危うい科学ってあるのだろうか。私には、宇宙項教が流行するような宇宙論こそ本当の「危機」にある、と思えて仕方がない（新しいアイデアについていけない年寄りの繰り言であろうが……）。

やはり、既存仏教か

最後に、宇宙年齢に関する「宇宙論の危機」についての私の考えを表明しておきたい。私は、何も新宗教に頼ることはない、私たちはまだお釈迦様の掌（てのひら）の上でうろうろしているだけ、と考えている。つまり、観測も理論も正しいのだろう。しかし、私たちが観測している宇宙の領域はまだまだ小さく、現在測定している宇宙年齢の値は、この宇宙全体を代表しているわけではないのではないか。というのは、観測によって宇宙年齢を決定している銀河までの距離は、たった五〇〇〇万光年に過ぎず、原理的に観測できる宇宙の大きさ（「宇宙の地平線」）の一三八億光年に比べて圧倒的に小さいからだ。私たちは、宇宙の地平線までの距離の、たった三〇〇分の一程度しか観測していない。その狭い範囲で決定した値が、本当に宇宙を代表していると言い切れるだろうか。

通常は「代表している」とするのだが、それは、私たちが宇宙において特別な存在でなく、特別な場所に住んでいるのでもないと考えるからだ。これを「宇宙原理」と呼ぶ。人間を宇宙の中心から引き離したコペルニクス的転回からの帰結であり、それはそれで正しい。しかし、私たちは完全に一様な宇宙に住んでいるわけではない。物質は銀河という形に固まり、銀河は互いに群れて集団を作っている。銀河間に働く万有引力のために、宇宙膨張以外の特異運動もしている。このように、私たちは非一様な構造を持つ宇宙に生きているのだ。そのような宇宙で、私たちが観測している領域はまだまだ小さく、全体像を論じられるほど遠くまで見ているわけではないのである。東京だけを見て、あるいは日本だけを見て、地球の全体像を論じようとすると間違うだろう。私たちが見ている宇宙はまだ狭すぎて、宇宙の真の姿を「代表していない」と考える方が自然なのではないだろうか。

そう考えるのは、私たちの観測結果が宇宙を「代表する」とする立場が、逆説的に、かつての人間中心宇宙論（天動説）とだぶって見えるためだ。宇宙はどこも同じだとしても、自分が見ている宇宙の姿が、ただちにこの宇宙を代表していると断言できるのだろうか。それはいささか傲慢なのではないか、と思うのだ。私たちは特別な場所に住んでいるわけではないが、まだ宇宙を代表できるほど遠くまで見ていない、と考えるべきなのではあるまいか。

アインシュタインは、「神は老獪にして悪意を持たず」と述べたが、人間の傲慢さをたしなめるために、神は宇宙年齢の矛盾を仕掛けているに違いない。お釈迦様の掌の上をうろうろしている程度の私たちであることを心に留めておきたい、と思っている。

実際、その後の観測の進展から、宇宙年齢は一三八億歳と見積られ、銀河系の最古の星の年齢とは矛盾しないと考えられるようになっている。性急に理論をいじくらず、じっくり観測結果を吟味しながら整合的な宇宙像を描いていくことが大事なのだろう。

参考文献

第一章

＊1　『宇宙論の誕生劇』Ｂ・ラヴェル著、鏑木修訳、新曜社、一九八五年。
＊2　同右
＊3　『科学史へのいざない』大野誠編著、南窓社、一九九二年。
＊4　同右
＊5　『宇宙論の歩み』Ｊ・シャロン著、中山茂訳、平凡社、一九八三年。
＊6　『地球外文明の思想史』横尾広光著、恒星社厚生閣、一九九一年。

第二章

＊1　『永久機関で語る現代物理学』小山慶太著、筑摩書房、一九九四年。
＊2　『科学史へのいざない』大野誠編著、南窓社、一九九二年。
＊3　『錬金術』澤井繁男著、講談社現代新書、一九九二年。

第三章

＊1　『ゼノン　４つの逆理』山川偉也著、講談社、一九九六年。
＊2　『パラドックス！』林晋編著、日本評論社、二〇〇〇年。
＊3　『うそとパラドックス』内井惣七著、講談社現代新書、一九八七年。

＊4　同右
＊5　"DARKNESS AT NIGHT" E・ハリソン著、ハーヴァード大学出版局、一九八七年。

第四章

＊1　『アイザック・アシモフの科学と発見の年表』I・アシモフ著、小山慶太・輪湖博訳、丸善、一九九二年。

第五章

＊1　『カオス的世界像』イアン・スチュアート著、須田不二夫・三村和男訳、白揚社、一九九八年。
＊2　『カオス――新しい科学をつくる』J・グリック著、上田睆亮監修、大貫昌子訳、新潮文庫、一九九一年。

第六章

＊1　『ホーキング、宇宙を語る』S・W・ホーキング著、林一訳、ハヤカワ・ノンフィクション文庫、一九九五年。
＊2　『人間原理の宇宙論』松田卓也著、培風館、一九九〇年。

第七章

＊1　『対称性の破れが世界を創る』イアン・スチュアート、マーティン・ゴルビツキー著、須田不二夫・三村和男訳、白揚社、一九九五年。
＊2　『神と悪魔の薬サリドマイド』トレント・ステフェン、ロック・ブリンナー著、本間徳子訳、日経B

P社、二〇〇一年。
＊3　『エコノフィジックス―市場に潜む物理法則』高安秀樹・高安美佐子著、日本経済新聞社、二〇〇一年。

おわりに

本書は、東京大学出版会のPR誌『UP』に、一九九四年一二月号から翌年の一二月号まで六回にわたって連載した同名の文章を大幅に加筆したものである。そもそもの意図は、歴史的に物理学者が「神」や「悪魔」をレトリックとして使って、物理法則の美しさを称えたり、難問を考え出したりしてきたことを、現代から逆照射して、その本来の意味が何であったかを考えてみようというものであった。机の上では唯物論者である物理学者だが、自然の摂理を解き明かしていくうちに、その絶妙な仕組みに感嘆して秘かに神の存在を仮想することがある。かくも美しい法則は神の御業でしかあり得ないだろう、と。あるいは、自らの審美観と相容れない自然の姿に逢着すると、それを否定するために神を持ち出したりもする。厳密な論理を組み立てて得られた物理法則であれば、それを気に入らないと拒否するためには神に頼るしかないからだ。一神教の西洋に発した近代科学も、神と無縁であったわけではないのである。

そこで、物理学の歴史をたどりながら、それぞれの時代において物理学者が神の名を使って何を表現しようとしたかを提示してみようと考えた。また、近代科学四〇〇年の歴史において、決定論から確率論そしてカオスへと物理法則は大きく変容してきたが、そこで見出されたさまざまな物理法則を神の所産と仮想すれば、それらから推測される神とはいかなる存在であるかを描けないか、とも考えた。物理学も人類の歴史の産物であるのだから、時代の子どもである物理学者が抱いた神のイメージも時代の諸相を反映していると思うからだ。物理学における神の相貌も歴史とともに変化してきたのである。

本書のもうひとつの狙いは、難解そうに見える物理法則の特徴を神の性格に仮託して語ることにある。そうすることによって、物理学の考え方や進め方がわかりやすくなるのではないかと思ったのだ。無機的な物質の運動や反応を扱う物理学だが、そこに使われる概念はごく日常的なものである。ただ、その概念を曖昧さなく正確に表現しようとして専門用語なる業界方言が使われる。狭い日本なのに理解しがたい方言があるように、ちょっと世界が変わるだけで専門用語は通じなくなってしまう。そのため、いかにも物理学は難しいものだという偏見が生じてしまった。そこで、専門用語を使わずに物理学の概念を説明するための助っ人として神にご登場を願ったのである。未知の法則を求めて闇を手探りしている物理学者の営みは、信仰者が姿露ならぬ神をアレコレ空想するのと似ていないでもない。物理学者は「かくあるはず」の法則、「かくあれかし」の法則を求め、信仰者は「かくあるはず」の神、「かくあれかし」の神を想像しているのだから。ならば、神を節回しにして物理学が語れるのではないだろうか。神の存在を信じているわけでもない私だから、かえって気軽に神を使うことができると考えたのである。

別役実によれば（『犯罪症候群』ちくま学芸文庫）、まず「神様」のみが発明された時代があり、やがて「悪魔」が登場する時代が来、その後に神と悪魔のあいだの存在である「わかりません」派が登場して、現代は三すくみの時代であるという。これは別役流の犯罪史の解釈だが、物理学の歴史においても同じ道をたどってきた。まず万物を完全に支配する「神」が発見され、やがて神に反抗する「悪魔」が姿を現し、そのうちにパラドックスという神とも悪魔ともつかぬ「わかりません」派が台頭したからだ。ただ、物理学の歴史が犯罪史より厄介なのは、神は、完全無欠の至高の存在のままで留まっているのではなく、時代に合わせるかのように異なったふるまいをすることにある。宇宙に最初の一撃を与えた後は何もする仕事がなくなったせいか、神は、暇にあかせてトランプ遊びをしたり、パチンコに夢中になったり、為替投機に手を出したりするからだ。また、唯一神かと思えば八百万（やおよろず）の神に変身したり、宇宙の創成者かと思えば細部で対称性を破って日本人にノーベル賞を受賞させたりと、西洋的な伝統から脱して私たちにも馴染み深いふるまいもすることもある。それに応じて、悪魔も「わかりません」派も伝統破壊に走らねばならず、三すくみ状態はカオスに至らざるをえないのだ。

さらに厄介なのは、物理学原理主義者たる物理学者が三すくみ状態に介入することである。いかにも神の偉大さを讃えるかの美言を弄して神を追放し、その空席に座って傲慢にも自らを神の代理人と称し、悪魔を作り出しては神を挑発し、パラドックスによって神や悪魔を悩ませるからだ。ならばと、挑発に乗った神も、宇宙を熱死させようとしたり、宇宙年齢を誤魔化したりと、次々と矛盾やパラドックスを含む謎を突きつけて物理学者に挑戦する。ゆえに、物理学の歴史は、三すくみではなく、四すくみ状態の変遷と言うべきかもしれない。しかしながら、神の挑戦を退け、悪魔を退治し、パラドックスを解決してきたと自認したがる厚顔な物理学者は増長し、ついにはこの宇宙の目的は人間を作ることにあるとまで宣言する始末となってしまった。

しかし、よくよく吟味してみれば、神の挑戦に見える謎は、実は物理学者が無知であったがための誤認であり、物理学者が独り相撲をとっていたに過ぎないことが判明する。原爆という悪魔を作り出した物理学者は、もっと謙虚にならねばならないのだ。神は、物理学者に反省させるために、間違いの手駒を打ったかのように見せかけているだけなのかもしれない。さまざまな発見をしてきた物理学だが、物理学者は未だに仏の掌(てのひら)をうろうろしている存在でしかないと考えよう。

それが本書の結論であり、物理学者だけでなく、科学者全体について現在の私がもっとも言いたいことである。科学者は、まだ部分しか知らないのに全体を知ったかのように思い込み、科学の力によってすべてが解決するかのようにふるまいがちであるからだ。しかし、科学によって得た知はあくまで部分であり、未知の領域は大きく広がっている。そこから、地球環境問題や生態系の多様性の危機のような、簡単には解決できない難問が生じていると言える。私たちがまだまだ無知であることを謙虚に学ぶためには、歴史を読み直すことが一番である。そんなことを考えながら筆をとってきた。むろん、第一の目標は、読者に物理学をもっと身近に感じてもらうことにある。果たして、それが達成できたかどうか心許ないところだが、私自身楽しく書けたことは事実である。

本書をまとめるにあたって大いにお世話になった綜合社書籍出版部の三好秀英さん、集英社新書編集部の鯉沼広行さんに深く感謝します。

二〇〇二年一一月三日

池内了

文庫版のためのあとがき

　私が初めてアメリカの地を訪れたのは一九八〇年で、もう三五歳になっていた。自分の腕前を試すべく外国で武者修行したいと思っていたのだが、なかなか自分として自信が持てる論文が書けず、ぐずぐず思案しているうちに齢を喰ってしまったのである。一九八〇年になってようやく自分なりに自信が持てる論文を書くことができ、それが偶々（たまたま）プリンストン大学の著名な天体物理学者であるオストライカー教授が送ってくれた論文と本質的に同一のアイデアであることがわかり、できればそのアイデアに続く仕事を一緒にやりたいと思って、彼に渡米の意志を打ち明けたのであった。幸い、彼の同意が得られてプリンストンに三ヵ月の間滞在することになったのが最初の留学経験であった。

　この発端において、世界の第一人者であるオストライカー教授と同じアイデアであることに驚き、そう言えば、まったく独立して提案された二つのアイデアが同じ内容であって、それが一時代を画する素晴らしい仕事として高く評価されるようになったということが、これまでの科学の歴史において何度もあったことに思い至った。その有名な例として、生物進化のアイデアをダーウィンが構想していたとき、それとは独立して、まったく同じアイデアをウォレスが抱いていることを知り、両者の論文を同じ表題の下の合同論文として発表したことが挙げられる。だからそのとき私は、「ひょっとしたら、大魚を釣り上げたのかもしれない」と、まさに神が乗り移ったかのような気になったものである。そのアイデアというのは、原初的な天体の爆発によって生成された宇宙空間の泡が次の時代の天体を作る素になり、その次世代の天体の爆発による泡が次々世代の天体を作り、という過程が何度か繰り返された結果として現在の銀河宇宙が形成されたという荒唐無稽なもので、「泡宇宙論」と名付けた。今になって思えば何とヘンテコなことを考えたものだと言わざるを得ないが、まだ宇宙の歴史に関する観測データも少なかった時代だから、このような根拠薄弱なアイデアも提出できたのである。

当然ながら、この「泡宇宙論」は数年後には「泡のごとく消えた」のだが、発表後しばらく学界で話題になって国際会議に招待され講演することにもなった。また、このアイデアをより詳細な理論に発展させる研究や、このアイデアは他の観測と矛盾するので成立し得ないという論文も現れた。オストライカー教授が「自分だって、こんな荒唐無稽なアイデアが正しいとは思わないが、まったく偶然に、二人が独立してこんなアイデアを思いつくのは滅多にないことで、そこに何がしかの真実が隠れているのかもしれない。これが種になってもっと素晴らしい知恵が絞り出されてくればいいではないか」と語っていたが、まさにそのような運命を辿るアイデアとなった。

私はこの「泡宇宙論」をヒントにして銀河の進化の研究に取り組み、なんとか一人前の科学者として歩み出すことができたし、オストライカー教授はこのアイデアをもっと拡大させたテーマに挑戦して成果を残しているからだ。失敗作でもはや誰も覚えていない「泡宇宙論」となったが、そのアイデアを違った場で展開した結果、大きな余得をもたらしてくれたのである。そのことがあってから、私は「捨てる神あれば拾う神あり」を信条とすることになった。下らないと思って誰もが捨てるアイデアであっても、それを拾って大事にして磨き上げれば素晴らしいものに変わる可能性がある。少なくともアイデアが自分の頭に宿ったことを喜ばなくちゃ、と思うことにしたのだ。アイデアを授けてくれた神を大事にしたいという思いからである。

科学者は、その研究時間の半分くらいを他人の論文を読むことに費やしている。現在の学界で、どんなアイデアが提案されているかを広く見渡し、使えそうな「目ぼしい」アイデアを渉猟しているのである。たいていは本物ではないなと思わざるを得ないアイデアにしかお目にかからない。そこに神が隠れていそうにないことはすぐにわかる。神はこんなところには宿らない、まともな神なら絶対拒否するだろうと思ってしまうのだ。そこにアイデアの良否を判断する神について自分なりのイメージがある。いわば「拒否する神」である。

むろん、「目ぼしい」アイデアだと思い、飛びつく場合もある。なぜそうなのか直ぐには説明できず、「勘」がそれを後押ししてくれているとしか言いようがない。「直感」のことで、理由はわからないけれども、なぜか大きく展開できそうな気にさせられる、あたかも神が手招いているような気がするのだ。「迎え入れる神」と言えるだろうか。しばらく、そのアイデアを温めて縦横斜めから観察し、どこから手をつけるかを思案する。その時間が研究を続けるなかで最も楽しく、なんだか本当に神に出会えたような気分になる。そんな経験が、ずっと研究を続けていたいという駆動力になっているのは確かだろう。

しかし、科学の世界はそんなに単純でも甘くもない。優れたアイデアのように見えたが、論理を詰めていくうちに、どうにも解決できない困難に直面する。既存の確立した理論とは矛盾する結論に導かれたり、誰もが承認する観測事実によって否定されたりしてしまうのだ。考えてみれば、有能な科学者が多くいるのだから、有望であればとっくに誰かが手をつけているはずである。しかし、そのアイデアを発展させたような発表が一つもないことを見れば、結局はガセネタでしかなかったと考えざるを得ない。それがわかった途端、有望そうに輝いて見えたアイデアも一瞬にして輝きが失せ、ただの土くれと化してしまう。どうやら「迎え入れる神」と見えたのは「悪魔の誘惑」でしかなかったらしい。そしてまた、素晴らしいアイデアが隠れていそうな論文を渉猟する、そんな繰り返しが科学者の生活である。百に一つでも見込んだ通り素晴らしいアイデアとして発展させられればいいのである。

　科学者としての私も唯物論者であり、神や仏の存在を信じているわけではない。しかし、右に述べたような研究生活のなかで、勝手に神や悪魔と呼ぶ存在との遭遇が何度もあった。自分の都合のいいときは神に、都合が悪いときは悪魔と呼ぶのだが、神を装った悪魔もいるし、悪魔に見えたのは神の偽装であった場合もある。さらに、神とも悪魔とも断じられないパラドックス、別役実流に言えば「わかりません」派が登場することもある。私だけではなく科学者の誰もが、このように自らが創り上げた神や悪魔と対話し格闘しているのである。

　そうだとすると、私が学んできた物理学の歴史を科学者と神（あるいは悪魔）との関係の歴史として捉え、古典物理学・量子物理学・複雑系の物理学という物理学そのものの歴史的変遷を、科学者にとっての神そのものの変遷としてまとめたら面白いのではないかと思いついた。科学（特に物理学）は難しいとして敬遠する人が多いのだが、右のような組み立てで書けば少しはファンも増えるかもしれない。また、物理学史を異なった観点で見直すこともできるのではないか、と少し欲張って執筆したのである。

『物理学と神』という、水と油のように互いに混じり合わない二つの組み合わせであったのがむしろ幸いしたのか。思いがけなく多くの支持を得て集英社新書のロングセラーになった。しかし、さすがに出版して一〇年を超すと手に取ってみる人も少なくなり、絶版の危機を迎えていた。基本的には物理学史の本であり、時代とともに古びる内容でもないので、このまま姿を消すのは残念だと思っていた。幸い、講談社学術文庫から声がかかり、その一冊に加えてもらえることになって喜んでいる。同文庫の一冊になれば長く読み継がれることが期待できるからだ。

本書を出版するにあたり、為替相場のように状況が現在と大きく異なっている部分には説明を加えたが、本質的な部分は旧版のままとした。時代を超えても通用する内容であると自負しているからだ。本書をまとめるにおいて講談社学術文庫の青山遊氏にはお世話になりました。お礼を申し上げます。

二〇一八年一二月

池内了

本書の原本は、二〇〇二年に集英社より刊行されました。

池内　了（いけうち　さとる）

1944年兵庫県生まれ。京都大学理学部物理学科卒業。同大学大学院理学研究科物理学専攻博士課程修了。名古屋大学名誉教授。総合研究大学院大学名誉教授。『科学の考え方・学び方』『科学と人間の不協和音』『科学の限界』『科学・技術と現代社会』『科学者と戦争』『科学者と軍事研究』『物理学の原理と法則』『司馬江漢』など，著書多数。講談社出版文化賞、産経児童出版文化賞など受賞。

定価はカバーに表示してあります。

物理学と神

池内　了

2019年２月10日　第１刷発行
2023年１月17日　第３刷発行

発行者　鈴木章一
発行所　株式会社講談社
東京都文京区音羽2-12-21 〒112-8001
電話　編集（03）5395-3512
販売（03）5395-4415
業務（03）5395-3615

装　幀　蟹江征治
印　刷　凸版印刷株式会社
製　本　株式会社国宝社

ISBN978-4-06-514773-3

「講談社学術文庫」の刊行に当たって

これは、学術をポケットに入れることをモットーとして生まれた文庫である。学術は少年の心を養い、成年の心を満たす。その学術がポケットにはいる形で、万人のものになることは、生涯教育をうたう現代の理想である。

こうした考え方は、学術を巨大な城のように見る世間の常識に反するかもしれない。また、一部の人たちからは、学術の権威をおとすものと非難されるかもしれない。しかし、それはいずれも学術の新しい在り方を解しないものといわざるをえない。

学術は、まず魔術への挑戦から始まった。やがて、いわゆる常識をつぎつぎに改めていった。学術の権威は、幾百年、幾千年にわたる、苦しい戦いの成果である。こうしてきずきあげられた城が、一見して近づきがたいものにうつるのは、そのためである。しかし、学術の権威を、その形の上だけで判断してはならない。その生成のあとをかえりみれば、その根は常に人々の生活の中にあった。学術が大きな力たりうるのはそのためであって、生活をはなれた学術は、どこにもない。

開かれた社会といわれる現代にとって、これはまったく自明である。生活と学術との間に、もし距離があるとすれば、何をおいてもこれを埋めねばならない。もしこの距離が形の上の迷信からきているとすれば、その迷信をうち破らねばならぬ。

学術文庫は、内外の迷信を打破し、学術のために新しい天地をひらく意図をもって生まれた。文庫という小さい形と、学術という壮大な城とが、完全に両立するためには、なおいくらかの時を必要とするであろう。しかし、学術をポケットにした社会が、人間の生活にとってより豊かな社会であることは、たしかである。そうした社会の実現のために、文庫の世界に新しいジャンルを加えることができれば幸いである。

一九七六年六月　　野間省一